人工智能的
理论与应用研究

王昕忠 ◎ 著

吉林出版集团股份有限公司
全国百佳图书出版单位

图书在版编目（CIP）数据

人工智能的理论与应用研究 / 王昕忠著. -- 长春：
吉林出版集团股份有限公司，2023.7
ISBN 978-7-5731-3886-6

Ⅰ．①人… Ⅱ．①王… Ⅲ．①人工智能－研究 Ⅳ.
①TP18

中国国家版本馆CIP数据核字(2023)第133231号

RENGONG ZHINENG DE LILUN YU YINGYONG YANJIU

人工智能的理论与应用研究

著　　者	王昕忠	
责任编辑	田　璐	
封面设计	朱秋丽	
出　　版	吉林出版集团股份有限公司	
发　　行	吉林出版集团青少年书刊发行有限公司	
地　　址	吉林省长春市福祉大路 5788 号（130118）	
印　　刷	北京昌联印刷有限公司	
版　　次	2023 年 7 月第 1 版	
印　　次	2023 年 7 月第 1 次印刷	
开　　本	787 mm×1092 mm　　1/16	
印　　张	9.75	
字　　数	225千字	
书　　号	ISBN 978-7-5731-3886-6	
定　　价	76.00元	

前　言

随着人工智能时代的到来，人们对人工智能原理进行深入研究，对人工智能学科进行理论创新和应用创新，将有力地推动科学技术和经济社会的发展。为此，世界各国对人工智能的研究都十分重视，投入大量的人力、物力和财力，激烈争夺这一高新技术的制高点。计算机学科、自动化领域的学科及其他学科的学生掌握人工智能的基本知识，已经成为国内外许多高校提高学生综合素质，培养高水平、复合型和创新型人才的一项重要举措。

本书力求深入浅出地对人工智能的基本原理及应用进行讨论，同时为读者提供学习和研究本学科的有效工具。首先本书主要围绕人工智能的基本理论以及实际应用展开研究，其次密切关注人工智能技术和产业发展动态。作为人工智能社会学的研究人员，虽然不一定是技术出身，但应及时关注人工智能相关技术和产业发展的动态，因为正是技术研发以及落地应用，给研究者带来了鲜活的理论和应用课题，无论是理论的思考，还是对应用问题的反思，抑或社会政策制定层面的回应，都需要研究人员密切关注。

由于人工智能是一门正在快速发展的年轻学科，新的理论、方法、技术及应用领域不断涌现，对其中的不少问题，笔者还缺乏深入研究；加之水平有限、时间仓促，书中难免存在疏漏和不足之处，恳请读者批评指正。

目　录

第一章 绪 论

人工智能（Artificial Intelligence，AI）是 20 世纪 50 年代中期兴起的一门边缘学科，是计算机科学中涉及研究、设计和应用智能机器的一个分支，是计算机科学、控制论、信息论、自动化、仿生学、生物学、语言学、神经生理学、心理学、数学、医学和哲学等多种学科相互渗透发展起来的综合性交叉学科和边缘学科。

人工智能在最近几年发展迅速，已经成为科技界和大众都十分关注的领域。尽管目前人工智能在发展过程中还面临着很多困难和挑战，但人工智能已经创造出了许多智能产品，并将制造出更多甚至是超过人类智能的产品，为改善人类的生活做出更大贡献。

第一节 人工智能的概念和发展

一、人工智能的概念

智能是指学习、理解并用逻辑方法思考事物，以及应对新的或者困难环境的能力。智能的要素包括适应环境，适应偶然性事件，能分辨模糊的或矛盾的信息，在孤立的情况中找出相似性，产生新概念和新思想。智能行为包括知觉、推理、学习、交流和在复杂环境中的行为。智能分为自然智能和人工智能。

自然智能指人类和一些动物所具有的智力和行为能力。人工智能是人类所具有的以知识为基础的智力和行为能力，表现为有目的的行为、合理的思维，以及有效地适应环境的综合性能力。智力是获取知识并运用知识求解问题的能力，能力则指完成一项目标或者任务所体现出来的素质。智能、智力和能力之间的关系与区别，如图 1-1 所示。

1. 什么是人工智能

人工智能是相对于人的自然智能而言的，从广义上解释就是"人造智能"，是指用人工的方法和技术在计算机上实现智能，以模拟、延伸和扩展人类的智能。由于人工智能是在机器上实现的，因此又称机器智能。

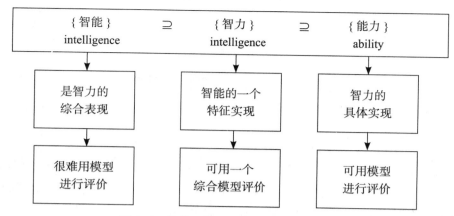

图1-1 智能、智力和能力的关系与区别

精确定义人工智能是件困难的事情，目前尚未形成公认、统一的定义，于是不同领域的研究者从不同的角度给出了不同的描述。

N.J.Nilsson 认为，人工智能是关于知识的科学，即怎样表示知识、怎样获取知识和怎样使用知识，并致力于让机器变得智能的科学。

P.Winston 认为，人工智能就是研究如何使计算机去做只有人才能做的富有智能的工作。

M.Minsky 认为，人工智能是让机器做本来需要人的智能才能做到的事情的一门科学。

A.Feigenbaum 认为，人工智能是一个知识信息处理系统。

James Albus 说："我认为，理解智能包括理解知识如何获取、表达和存储；智能行为如何产生和学习；动机、情感和优先权如何发展和运用；传感器信号如何转换成各种符号，怎样利用各种符号执行逻辑运算，对过去进行推理及对未来进行规划，智能机制如何产生幻觉、信念、希望、畏惧、梦幻甚至善良和爱情等现象。我相信，对上述内容有一个根本的理解将会成为与拥有原子物理、相对论和分子遗传学等级相当的科学成就。"

尽管上面的论述对人工智能的定义各不相同，但可以看出，人工智能就其本质而言就是研究如何制造出人造的智能机器或智能系统，来模拟人类的智能活动，以延伸人们智能的科学。人工智能包括有规律的智能行为。有规律的智能行为是计算机能解决的，而无规律的智能行为，如洞察力、创造力，计算机目前还不能完全解决。

2. 如何判定机器智能

（1）图灵测试

英国数学家和计算机学家艾伦·麦席森·图灵曾经做过一个很有趣的尝试，借以判定某一特定机器是否具有智能。这一尝试是通过所谓的"问答游戏"进行的。这种游戏要求某些客人悄悄藏到一个房间里。然后请留下来的人向这些藏起来的人提问题，并要他们根据得到的回答来判定与他对话的是一位先生还是一位女士。回答必须是间接的，必须有一个中间人把问题写在纸上，或者来回传话，或者通过电传打字机联系。图灵由此想到，同样可以通过与一台据称有智能的机器作答，来测试这台机器是否真有智能。

1950 年，图灵提出了著名的图灵测试（Turing Test）。方法是分别由人和计算机来同时回答某人提出的各种问题。如果提问者辨别不出回答者是人还是机器，则认为通过了测试，并且说这台机器有智能。图灵自己也认为制造一台能通过图灵测试的计算机并不是一件容易的事。他曾预言，在 50 年以后，当计算机的存储容量达到 10 的 9 次方的水平时，测试者有可能在连续交谈约 5 分钟后，以不超过 70% 的概率做出正确的判断。

"图灵测试"的构成：测试用计算机、被测试的人和主持测试的人。方法：

a. 测试用计算机和被测试的人分开去回答相同的问题。

b. 把计算机和人的答案告诉主持人。

c. 主持人若不能区别开答案是计算机回答的还是人回答的，就认为被测计算机和人的智力相当。

1991 年，美国塑料便携式迪斯科跳舞毯大亨休·洛伯纳（Hugh Loebner）赞助"图灵测试"，并设立了洛伯纳奖（Loebner Prize），第一个通过一个无限制图灵测试的程序将获得 10 万美金。对于洛伯纳奖来说，人和机器都要回答裁决者提出的问题。每一台机器都试图让一群评审专家相信自己是真正的人类，扮演人的角色最好的那台机器将被认为是"最有人性的计算机"而赢得这个竞赛，参加测试胜出的人则赢得"最有人性的人"大奖。在过去的 30 多年里，人工智能社群都会齐聚以图灵测试为主题的洛伯纳大奖赛，这是该领域最令人期待也最惹人争议的盛事。

2014 年 6 月，一个俄罗斯团队开发了名为"尤金·古斯特曼"的人工智能聊天软件，它模仿的是一个来自乌克兰名为 Eugene Goostman 的 13 岁男孩。英国雷丁大学于图灵去世 60 周年纪念日当天，对这一软件进行了测试。据报道，在伦敦皇家学会进行的测试中，33% 的对话参与者认为，聊天的对方是一个人类，而不是计算机。英国雷丁大学的教授 Kevin Warwick 对英国媒体表示，此次"Eugene Goostman"的测试，并未事先确定话题，因此可以认为，这是人类历史上第一次计算机真正通过图灵测试。然而，有学者对这个结论提出了质疑，认为愚弄 30% 的裁判是一个很低的门槛，图灵预言到 2000 年计算机程序能在 5 分钟的文字交流中欺骗 30% 的人类裁判，这个预言并不是说欺骗 30% 的人就是通过图灵测试。图灵只是预测计算机在 50 年内会取得多大进展。图灵测试对智能标准做了简单的说明，但存在如下问题：

a. 主持人提出的问题标准不明确。

b. 被测人的智能问题也没有明确说出。

c. 该测试仅强调结果，而未反映智能所具有的思维过程。

如果测试的是复杂的计算问题，则计算机可以比被测试的人更快更准确地得出正确答案。如果测试的是一些常识性的问题，人类可以非常轻松地处理，而对于计算机来说却非常困难。

1997 年 5 月 11 日，IBM 中国开发中心（IBM China Derelopmal Lab，CDL）开发的能下国际象棋的"深蓝"计算机在正式比赛中战胜了国际象棋世界冠军卡斯帕罗夫，这是人与计算机挑战赛中历史性的一天。"深蓝"是并行计算的电脑系统，是美国 IBM 公司生产的一台超级国际象棋电脑，重 1270 千克，有 32 个微处理器，另加上 480 颗特别制造的 VLSI 象棋芯片，每秒钟可以计算 2 亿步。下棋程序以 C 语言写成，运行 AIX 操作系统。"深蓝"输入了 100 多年来优秀棋手的对局 200 多万局，其算法的核心是基于穷举：生成所有可能的走法，然后执行尽可能深的搜索，并不断对局面进行评估，尝试找出最佳走法。深蓝的象棋芯片包含三个主要的组件：走棋模块（Go Chess Module）、评估模块（Evaluation Module）以及搜索控制器（Search Controller）。各个组件的设计都服务于"优化搜索速度"这一目标。"深蓝"可搜寻及估计随后的 12 步棋，而一名人类象棋好手大约可估计随后的 10 步棋。"深蓝"是仅在某一领域发挥特长的狭义人工智能的例子，而阿尔法狗（AlphaGo）和"冷扑大师"则向通用人工智能迈进了一步。

2016 年 3 月，由谷歌（Google）旗下 Deep Mind 公司的杰米斯·哈萨比斯与他的团队开发的以"深度学习"为主要工作原理的围棋人工智能程序阿尔法狗（AlphaGo），与围棋世界冠军、职业九段选手李世石进行人机大战，并以 4：1 的总比分获胜。2016 年末到 2017 年初，该程序在中国棋类网站上以"大师"（Master）为注册账号与中日韩数十位围棋高手进行快棋对决，连续 60 局无一败绩。2017 年 1 月，谷歌 Deep Mind 公司 CEO 哈萨比斯在德国慕尼黑 DLD（数字、生活、设计）创新大会上宣布推出真正 2.0 版本的阿尔法狗。其特点是摒弃了人类棋谱，靠深度学习的方式成长起来挑战围棋的极限。在战胜李世石一年后，2017 年 5 月 23～27 日，阿尔法狗（AlphaGo）在浙江乌镇挑战世界围棋第一人中国选手柯洁九段，以 3：0 战胜对手。

相较于国际象棋或是围棋等所谓的"完美信息"游戏，扑克玩家彼此看不到对方的底牌，是一种包含着很多隐性信息的"非完美信息"游戏，也因此成为各式人机对战形式中人工智能所面对的最具挑战性的研究课题。2017 年 1 月，由卡内基梅隆大学 Tuomas Sandholm 教授和博士生 Noam Brown 开发的 Libratus 扑克机器人——"冷扑大师"，在美国匹兹堡对战四名人类顶尖职业扑克玩家并大获全胜，成为继阿尔法狗（AlphaGo）对战李世石后人工智能领域的又一里程碑级事件。2017 年 4 月 6～10 日，由创新工场 CEO 暨创新工场人工智能工程院院长李开复博士发起，邀请 Libratus 扑克机器人主创团队访问中国，在海南进行了一场"冷扑大师 VS 中国龙之队——人工智能和顶尖牌手巅峰表演赛"。"中国龙之队"由中国扑克高手杜悦带领，这也是亚洲首度举办的人工智能与真人对打的扑克赛事，人工智能"冷扑大师"最终以 792327 总记分牌的战绩完胜并赢得 200 万元奖金。

"冷扑大师"发明人、卡内基梅隆大学 Tuomas Sandholm 教授介绍，"冷扑大师"采取的古典线性计算，主要运用三种全新算法，包括比赛前采用近于纳什均衡策略的计算（Calculation of Nash Equilibrium Strategy），每手牌中运用终结解决方案（Ending the Solution）以及根据对手能被识别和利用的漏洞，持续优化战略打得更为趋近平衡。这个算法模型不限于扑克，还可以应用到各个真实生活和商业领域，应对各种需要解决不完美信息的战略性推理场景。"冷扑大师"与阿尔法狗的不同之处在于，前者不需要提前背会大量棋（牌）谱，也不局限于在公开的完美信息场景中进行运算，而是从零开始，基于扑克游戏规则，针对游戏中对手劣势进行自我学习，并通过博弈论来衡量和选取最优策略。这也是"冷扑大师"在比赛后程越战越勇，让人类玩家难以抵挡的原因之一。

（2）中文屋子问题

如果一台计算机通过了图灵测试，那么它是否真正理解了问题呢？美国哲学家约翰·希尔勒对此提出了否定意见。为此，希尔勒利用罗杰·施安克编写的一个故事理解程序（该程序可以在"阅读"一个英文写的小故事之后，回答一些与故事有关的问题），提出了中文屋子问题。

希尔勒首先设想的故事不是用英文，而是用中文写的。这一点对计算机程序来说并没有太大的变化，只是将针对英文的处理改为处理中文即可。希尔勒想象自己在一个屋子里完全按照施安克的程序进行操作，因此最终得到的结果是中文的"是"或"否"，并以此作为对中文故事的问题的回答。希尔勒不懂中文，只是完全按程序完成了各种操作，他并没有理解故事中的任何一个词，但给出的答案与一个真正理解这个故事的中国人给出的一样好。由此，希尔勒得出结论：即便计算机给出了正确答案，顺利通过了图灵测试，但计算机也没有理解它所做的一切，因此也就不能体现出任何智能。

3. 图灵测试的应用

人们根据计算机难以通过图灵测试的特点，逆向地使用图灵测试，有效地解决了一些难题。如在网络系统的登录界面上，随机地产生一些变形的英文单词或数字作为验证码，并加上比较复杂的背景，必须正确地输入这些验证码，系统才允许登录。而当前的模式识别技术难以正确识别复杂背景下变形比较严重的英文单词或数字，这点人类却很容易做到，这样系统就能判断登录者是人还是机器，有效地防止了利用程序对网络系统进行的恶意攻击。

二、人工智能的发展简史

人工智能的研究历史可以追溯到遥远的过去。在我国，西周时代就有巧匠偃师为周穆王制造歌舞机器人的传说。东汉时期，张衡发明的指南车可以认为是世界上最早的机器人雏形。公元前3世纪和公元前2世纪在古希腊也有关于机器卫士和玩偶的记载。1768—1774年，瑞士钟表匠德罗思父子制造了三个机器玩偶，分别能够写字、绘画和演奏风琴，它们是由弹簧和凸轮驱动的。这说明在几千年前，古代人就有了对人工智能的幻想。

1. 孕育期

人工智能的孕育期一般指1956年以前，这一时期为人工智能的产生奠定了理论和计算工具的基础。

（1）问题的提出

1900年，世纪之交的数学家大会在巴黎召开，数学家大卫·希尔伯特（David Hilbert）庄严地向全世界数学家宣布了23个未解决的难题。这23道难题道道经典，而其中的第二个问题和第十个问题则与人工智能密切相关，并最终促成了计算机的发明。因此，有人认为是20世纪初期的数学家，用方程推动了整个世界。

被后人称为希尔伯特纲领的第二个问题是数学系统中应同时具备一致性和完备性。希尔伯特的第二个问题的思想，即数学真理不存在矛盾，任何真理都可以描述为数学定理。他认为可以运用公理化的方法统一整个数学，并运用严格的数学推理证明数学自身的正确性。希尔伯特第十个问题的表述是："是否存在着判定任意一个丢番图方程有解的机械化运算过程。"后半句中的"机械化运算过程"指的就是算法。

捷克数学家库尔特·哥德尔致力于攻克第二个问题。他很快发现，希尔伯特第二个问题的断言是错的，其根本问题是它的自指性。他通过后来被称为"哥德尔句子"的悖论句，证明了任何足够强大的数学公理系统都存在着瑕疵，一致性和完备性不能同时具备，这便是著名的哥德尔定理。1931年库尔特·哥德尔提出了被美国《时代周刊》评选为20世纪最有影响力的数学定理——哥德尔不完备性定理，推动了整个数学的发展。在哥德尔的原始论文中，所有的表述用的都是严格的数学语言。哥德尔句子可以通俗地表述为：本数学命题不可以被证明，"我在说谎"也是哥德尔句子。

图灵被希尔伯特的第十个问题深深地吸引了。图灵设想出了一个机器——图灵机，它是计算机的理论原型，圆满地刻画出了机械化运算过程的含义，并最终为计算机的发明铺平了道路。

图灵机模型形象地模拟了人类进行计算的过程，图灵机模型一经提出就得到了科学家们的认可。1950年，图灵发表了题为"计算机能思考吗？"的论文，论证了人工智能的可能性，并提出了著名的"图灵测试"，推动了人工智能的发展。1951年，他被选为英国皇家学会会员。

对于是否存在真正的人工智能或者说能否制造出智力水平与人类相当甚至超过人类的智能机器，一直存在争论。一类观点认为，如果把人工智能看作一个机械化运作的数学公理系统，那么根据哥德尔定理，必然存在着某种人类可以构造但机器无法求解的问题，因此人工智能不可能超过人类。另一类观点认为，人脑对信息的处理过程不是一个固定程序，随着机器学习，特别是深度学习取得的成功，程序能够以不同的方式不断地改变自己，真正的人工智能是可能的。

（2）计算机的产生

法国人帕斯卡于17世纪制造出一种机械式加法机，它是世界上第一台机械式计算机。

德国数学家莱布尼茨发明了乘法计算机，他受中国易经八卦的影响，最早提出二进制运算法则。

英国人查尔斯·巴贝奇研制出差分机和分析机，为现代计算机设计思想的发展奠定了基础。

德国科学家朱斯于 20 世纪 30 年代开始研制著名的 Z 系列计算机。

香农是信息论的创始人,他于 1938 年首次阐明了布尔代数在开关电路上的作用。信息论的出现,对现代通信技术和电子计算机的设计产生了巨大的影响。如果没有信息论,现代的电子计算机是不可能研制成功的。

1946 年 2 月 15 日,世界上第一台通用电子数字计算机"埃尼阿克"(ENIAC)研制成功。"埃尼阿克"的研制成功,是计算机发展史上的一座里程碑,是人类在发展计算技术历程中的一个新的起点。

以上这一切都为人工智能学科的诞生做出了理论和实验工具上的巨大贡献。1956 年夏,由年轻的数学助教约翰·麦卡锡(John McCarthy)和他的三位朋友马文·明斯基(Marvin LeeMinsky)、纳撒尼尔·罗切斯特(Nathaniel Rochester)和克劳德·香农(Claude Shannon)共同发起,邀请艾伦·纽厄尔(Allen Newell)和赫伯特·西蒙(Herbcrt A.Simon)等科学家在美国的 Dartmouth 大学组织了一个夏季学术讨论班,历时两个月。参加会议的都是在数学、神经生理学、心理学和计算机科学等领域中从事教学和研究工作的学者,在会上第一次正式使用了人工智能这一术语,开创了人工智能这个研究学科。

2.AI 的基础技术的研究和形成时期

AI 的基础技术的研究和形成时期是指 1956 — 1970 年。1956 年,纽厄尔和西蒙等首先合作研制成功"逻辑理论机"(Logic Theory Machine)。该系统是第一个处理符号而不是处理数字的计算机程序,是机器证明数学定理的最早尝试。

1956 年,另一项重大的开创性工作是塞缪尔研制成功"跳棋程序"。该程序具有自改善、自适应、积累经验和学习等能力,这是模拟人类学习和智能的一次突破。该程序于 1959 年击败了它的设计者,1963 年又击败了美国一个州的跳棋冠军。

1960 年,纽厄尔和西蒙又研制成功"通用问题求解程序(General Problem Solving,GPS)系统",用来解决不定积分、三角函数、代数方程等十几种性质不同的问题。

1960 年,麦卡锡提出并研制成功"表处理语言 LISP",它不仅能处理数据,而且可以更方便地处理符号,适用于符号微积分计算、数学定理证明,数理逻辑中的命题演算、博弈、图像识别以及人工智能研究的其他领域,从而武装了一代人工智能科学家,是人工智能程序设计语言的里程碑,至今仍然是研究人工智能的良好工具。

1965 年,被誉为"专家系统和知识工程之父"的费根鲍姆(Feigenbaum)和他的团队开始研究专家系统,并于 1968 年研究成功第一个专家系统 DENDRAL,用于质谱仪分析有机化合物的分子结构,为人工智能的应用研究做出了开创性贡献。

1969 年召开了第一届国际人工智能联合会议(International Joint Conference on AI,IJCAI),1970 年《人工智能》国际杂志(International Journal of AI)创刊,标志着人工智能作为一门独立学科登上了国际学术舞台,并对促进人工智能的研究和发展起到了积极作用。

3.AI 发展和实用阶段

AI 发展和实用阶段是指 1971 — 1980 年。在这一阶段，多个专家系统被开发并投入使用，有化学、数学、医疗、地质等方面的专家系统。

1975 年美国斯坦福大学开发了 MYCIN 系统，用于诊断细菌感染和推荐抗生素使用方案。MYCIN 是一种使用了人工智能的早期模拟决策系统，由研究人员耗时 5 ~ 6 年开发而成，是后来专家系统研究的基础。

1976 年，凯尼斯·阿佩尔（Kenneth Appel）和沃夫冈·哈肯（Wolfgang Haken）等人利用人工和计算机混合的方式证明了一个著名的数学猜想：四色猜想（现在称为四色定理）。即对于任意的地图，最少仅用四种颜色就可以使该地图着色，并使得任意两个相邻国家的颜色不会重复，然而证明起来却异常烦琐。配合着计算机超强的穷举和计算能力，阿佩尔等人证明了这个猜想。

1977 年，第五届国际人工智能联合会会议上，费根鲍姆（Feigenbaum）教授在一篇题为"人工智能的艺术：知识工程课题及实例研究"的特约文章中系统地阐述了专家系统的思想，并提出了"知识工程"的概念。

4. 知识工程与机器学习发展阶段

知识工程与机器学习发展阶段是指 1981 — 1990 年。知识工程的提出、专家系统的初步成功，确定了知识在人工智能中的重要地位。知识工程不仅仅对专家系统发展影响很大，而且对信息处理的所有领域都将有很大的影响。知识工程的方法很快渗透人工智能的各个领域，促进了人工智能从实验室研究走向实际应用。

学习是系统在不断重复的工作中对本身的增强或者改进，使得系统在下一次执行同样任务或类似任务时，比现在做得更好或效率更高。

从 20 世纪 80 年代后期开始，机器学习的研究发展到了一个新阶段。在这个阶段，联结学习取得很大成功；符号学习已有很多算法不断成熟，新方法不断出现，应用范围不断扩大，成绩斐然；有些神经网络模型能在计算机硬件上实现，使神经网络有了很大发展。

5. 智能综合集成阶段

智能综合集成阶段是指 20 世纪 90 年代至今，这个阶段主要研究模拟智能。

第五代电子计算机称为智能电子计算机。它是一种有知识、会学习、能推理的计算机，具有理解自然语言、声音、文字和图像的能力，并且具有说话的能力，使人机能够用自然语言直接对话。它可以利用已有的和不断学习到的知识，进行思维、联想、推理，并得出结论，能解决复杂问题，具有汇集、记忆、检索有关知识的能力。智能计算机突破了传统的冯·诺伊曼式机器的概念，舍弃了二进制结构，把许多处理机并联起来，并行处理信息，速度有了大大提高。它的智能化人机接口使人们不必编写程序，只需发出命令或提出要求，计算机就会完成推理和判断，并且给出解释。1988 年，第五代计算机国际会议召开。

1991 年，美国加州理工学院推出了一种大容量并行处理系统，528 台处理器并行工作，其浮点运算速度可达到每秒 320 亿次。

第六代电子计算机将被认为是模仿人的大脑判断能力和适应能力，并具有可并行处理多种数据功能的神经网络计算机。与以逻辑处理为主的第五代计算机不同，它本身可以判断对象的性质与状态，并能采取相应的行动，而且它可同时并行处理实时变化的大量数据，并引出结论。以往的信息处理系统只能处理条理清晰、经络分明的数据，而人的大脑却具有处理支离破碎、含糊不清的信息的灵活性，第六代电子计算机将具有类似人脑的智慧和灵活性。

20 世纪 90 年代后期，互联网技术的发展为人工智能的研究带来了新的机遇，人们从单个智能主题研究转向基于网络环境的分布式人工智能研究。1996 年深蓝战胜了国际象棋世界冠军卡斯帕罗夫，成为人工智能发展的标志性事件。

21 世纪初至今，深度学习带来人工智能的春天，随着深度学习技术的成熟，人工智能正在逐步从尖端技术慢慢变得普及。大众对人工智能最深刻的认识就是 2016 年阿尔法狗（AlphaGo）和李世石的对弈。2017 年 5 月 27 日，阿尔法狗（AlphaGo）与柯洁的世纪大战，再次以人类的惨败告终。人工智能的存在，能够让阿尔法狗（AlphaGo）的围棋水平在学习中不断上升。

第二节　人工智能的研究学派

一、符号主义

符号主义（Symbolicism）又称为逻辑主义（Logicism）、心理学派（Psychlogism）或计算机学派（Computer School），其理论主要包括物理符号系统（符号操作系统）假设和有限合理性原理。

符号主义认为可以从模拟人脑功能的角度实现人工智能，代表人物是纽厄尔、西蒙等。他们认为人的认知基元是符号，而且认知过程就是符号操作过程，智能行为是符号操作的结果。该学派认为人是一个物理符号系统，计算机也是一个物理符号系统，因此，存在可能用计算机来模拟人的智能行为，即用计算机通过符号来模拟人的认知过程。

二、联结主义

联结主义（Connectionism）又称为仿生学派（Bionicisism）或生理学派（Physiologism），其理论主要包括神经网络及神经网络间的连接机制和学习算法。

联结主义主要进行结构模拟，代表人物是麦卡洛克等。他们认为人的思维基元是神经元，而不是符号处理过程，认为大脑是智能活动的物质基础，要揭示人类的智能奥秘，就必须弄清大脑的结构，弄清大脑信息处理过程的机理。他们提出了联结主义的大脑工作模式，用于取代符号操作的电脑工作模式。

英国《自然》杂志主编坎贝尔博士说，目前信息技术和生命科学有交叉融合的趋势，如 AI 的研究就需要从生命科学的角度揭开大脑思维的机理，需要利用信息技术模拟实现这种机理。

三、行为主义

行为主义（Behaviorism）又称进化主义（Evolutionism）或控制论学派（Cybernetics School），其理论主要包括控制论及感知—动作型控制系统。

行为主义主要进行行为模拟，代表人物为布鲁克斯等。他们认为智能行为只能在现实世界中与周围环境交互作用而表现出来，因此用符号主义和联结主义来模拟智能显得有些与事实不相吻合。这种方法通过模拟人在控制过程中的智能活动和行为特性，如自寻优、自适应、自学习、自组织等，来研究和实现人工智能。

第三节　人工智能的研究目标

人工智能的研究目标可分为远期目标和近期目标。

人工智能的近期目标是研究依赖于现有计算机模拟人类某些智力行为的基本原理、基本技术和基本方法，即先部分或某种程度地实现机器的智能，使现有的计算机更灵活、更好用和更有用，成为人类的智能化信息处理工具。

人工智能的远期目标是研究如何利用自动机去模拟人的某些思维过程和智能行为，最终造出智能机器。具体来讲，就是要使计算机具有看、听、说、写等感知和交互功能，具有联想、推理、理解、学习等高级思维能力，还要有分析问题、解决问题和发明创造的能力。简言之，也就是使计算机像人一样具有自动发现规律和利用规律的能力，或者说具有自动获取知识和利用知识的能力，扩展和延伸人的智能。

第四节　人工智能的研究领域

人工智能的主要目的是用计算机来模拟人的智能。人工智能的研究领域包括模式识别、问题求解、机器视觉、自然语言理解、自动定理证明、自动程序设计、博弈、专家系统、机器学习、机器人等。

当前人工智能的研究虽然取得了一些成果，如自动翻译、战术研究、密码分析、医疗诊断等，但距真正的智能还有很长的路要走。

一、模式识别

模式识别（Pattern Recognition）是 AI 最早研究的领域之一，主要是指用计算机对物体、图像、语音、字符等信息模式进行自动识别的科学。

"模式"的原意是提供模仿用的完美无缺的标本，"模式识别"就是用计算机来模拟人的各种识别能力，识别出给定的事物与哪一个标本相同或者相似。

模式识别的基本过程：对待识别事物进行样本采集、信息的数字化、数据特征的提取、特征空间的压缩以及提供识别的准则等，最后给出识别的结果。在识别过程中需要学习过程的参与，这个学习的基本过程是先将已知的模式样本进行数值化，送入计算机，然后将这些数据进行分析，去掉对分类无效的或可能引起混淆的数据，尽量保留对分类判别有效的数值特征，经过一定的技术处理，制定出错误率最小的判别准则。

当前模式识别主要集中于图形识别和语音识别。图形识别主要是研究各种图形（如文字、符号、图形、图像和照片等）的分类。例如识别各种印刷体和某些手写体文字，识别指纹、白细胞和癌细胞等。这方面的技术已经进入实用阶段。

语音识别主要研究各种语音信号的分类。语音识别技术近年来发展很快，现已有商品化产品（如汉字语音录入系统）上市。

二、自动定理证明

自动定理证明（Automatic Theorem Proving）是指利用计算机证明非数值性的结果，即确定它们的真假值。

在数学领域对臆测的定理寻求一个证明，一直被认为是一项需要智能才能完成的任务。证明定理时，不仅需要有根据假设进行演绎的能力，而且需要有某种直觉和技巧。

早期研究数值系统的机器是 1926 年由美国加州大学伯克利分校制作的。这架机器由锯木架、自行车链条和其他材料构成，是一台专用的计算机。它可用来快速解决某些数论问题。素性检验，即分辨一个数是素数还是合数，是这些数论问题中最重要的问题之一。一个问题的数值解所应满足的条件可通过在自行车链条的链节内插入螺栓来指定。

自动定理证明的方法主要有四类：

1. 自然演绎法

它的基本思想是依据推理规则，从前提和公理中可以推出许多定理，如果待证明的定理恰在其中，则定理得证。

2. 判定法

它对一类问题找出统一的计算机上可实现的算法解。在这方面一个著名的成果是我国数学家吴文俊教授于 1977 年提出的初等几何定理证明方法。

3.定理证明器

它研究一切可判定问题的证明方法。

4.计算机辅助证明

它以计算机为辅助工具，利用机器的高速度和大容量，帮助人类完成手工证明中难以完成的大量计算、推理和穷举。

1976 年，美国伊利诺斯大学哈肯和阿佩尔，在两台不同的计算机上，用了 1200 小时，进行了 100 亿次判断，终于完成了四色定理的证明，解决了这个存在了 100 多年的难题，轰动了世界。

三、机器视觉

机器感知就是计算机直接"感觉"周围世界。具体来讲，就是计算机像人一样通过"感觉器官"直接从外界获取信息，如通过视觉器官获取图形、图像信息，通过听觉器官获取声音信息。

机器视觉（Machine Vision）研究为完成在复杂的环境中运动和在复杂的场景中识别物体需要哪些视觉信息，以及如何从图像中获取这些信息。

四、专家系统

专家系统（Expert System）是一个能在某特定领域内，以人类专家水平去解决该领域困难问题的计算机应用系统。其特点是拥有大量的专家知识（包括领域知识和经验知识），能模拟专家的思维方式，面对领域中复杂的实际问题，能做出专家水平的决策，像专家一样解决实际问题。这种系统主要用软件实现，能根据形式的和先验的知识推导结论，并具有综合整理、保存、再现与传播专家知识和经验的功能。

专家系统是人工智能的重要应用领域，诞生于 20 世纪 60 年代中期，经过 20 世纪 70 年代和 80 年代的较快发展，现在已广泛应用于医疗诊断、地质探矿、资源配置、金融服务和军事指挥等领域。

五、机器人

机器人（Robot）是一种可编程序的多功能的操作装置。机器人能认识工作环境、工作对象及其状态，能根据人的指令和"自身"认识外界的结果来独立决定工作方法，实现任务目标，并能适应工作环境的变化。

随着工业自动化和计算机技术的发展，到 20 世纪 60 年代机器人开始进入批量生产和实际应用的阶段。后来由于自动装配、海洋开发、空间探索等实际问题的需要，对机器的智能水平提出了更高的要求。特别是危险环境以及人们难以胜任的场合更迫切需要机器人，从而推动了智能机器的研究。在科学研究上，机器人为人工智能提供了一个综合实验场所，它可以全面地检查人工智能各个领域的技术，并探索这些技术之间的关系。可以说，机器人是人工智能技术的全面体现和综合运用。

六、自然语言处理

自然语言处理又称自然语言理解，就是计算机理解人类的自然语言，如汉语、英语等，并包括口头语言和文字语言两种形式。它采用人工智能的理论和技术将设定的自然语言机理用计算机程序表达出来，构造能理解自然语言的系统，通常分为书面语的理解、口语的理解、手写文字的识别三种情况。

自然语言理解的标志为：

（1）计算机能成功地回答输入语料中的有关问题。

（2）在接受一批语料后，有对此给出摘要的能力。

（3）计算机能用不同的词语复述所输入的语料。

（4）有把一种语言转换成另一种语言的能力，即机器翻译功能。

七、博弈

在经济、政治、军事和生物竞争中，一方总是力图用自己的"智力"击败对手。博弈就是研究对策和斗智的。

在人工智能中，大多以下棋为例来研究博弈规律，并研制出一些很著名的博弈程序。20 世纪 60 年代就出现了很有名的西洋跳棋和国际象棋的程序，并达到了大师级水平。进入 20 世纪 90 年代，IBM 公司以其雄厚的硬件基础，开发了名为"深蓝"的计算机，该计算机配置了下国际象棋的程序，并为此开发了专用的芯片，以提高搜索速度。1996 年 2 月，"深蓝"与国际象棋世界冠军卡斯帕罗夫进行了第一次比赛，经过六个回合的比赛，"深蓝"以 2：4 告负。1997 年 5 月，系统经过改进以后，"深蓝"第二次与卡斯帕罗夫交锋，并最终以 3.5：2.5 战胜了卡斯帕罗夫，在世界范围内引起了轰动。之前，卡斯帕罗夫曾与"深蓝"的前辈"深思"对弈，虽然最终取胜，但也失掉几盘棋。与"深思"相比，"深蓝"采用了新的算法，它可计算到后 15 步，但是对于利害关系很大的走法将算到 30 步以后。而国际大师一般只想到 10 步或 11 步之远，在这个方面电子计算机已拥有向人类挑战的智力水平。

博弈为人工智能提供了一个很好的试验场所，人工智能中的许多概念和方法都是从博弈中提炼出来的。

八、人工神经网络

人工神经网络就是由简单单元组成的广泛并行互联的网络。其原理是根据人脑的生理结构和工作机理，实现计算机的智能。

人工神经网络是人工智能中最近发展较快、十分热门的交叉学科。它采用物理上可实现的器件或现有的计算机来模拟生物神经网络的某些结构与功能，并反过来用于工程或其他领域。人工神经网络的着眼点不是用物理器件去完整地复制生物体的神经细胞网络，而是抽取其主要结构特点，建立简单可行且能实现人们所期望功能的模型。人工神经网络是由很多处理单元有机地连接起来，进行并行的工作的模型。人工神经网络的最大特点就是具有学习功能。通常先用已知数据训练人工神经网络，然后用训练好的网络完成操作。

人工神经网络也许永远无法代替人脑，但它能帮助人类扩展对外部世界的认识和智能控制。如 GMDH 网络本来是 Ivakhnenko（1971）为预报海洋河流中的鱼群提出的模型，但后来又成功地应用于超声速飞机的控制系统和电力系统的负荷预测。人的大脑神经系统十分复杂，可实现的学习、推理功能是人造计算机不可比拟的。但是，人的大脑在记忆大量数据和高速、复杂的运算方面却远远比不上计算机。以模仿大脑为宗旨的人工神经网络模型，配以高速电子计算机，把人和机器的优势结合起来，有着非常广泛的应用前景。

九、问题求解

问题求解是指通过搜索的方法寻找问题求解操作的一个合适序列，以满足问题的要求。

这里的问题，主要指那些没有算法解，或虽有算法解但在现有机器上无法实施或无法完成的困难问题，如路径规划、运输调度、电力调度、地质分析、测量数据解释、天气预报、市场预测、股市分析、疾病诊断、故障诊断、军事指挥、机器人行动规划、机器博弈等。

十、机器学习

机器学习就是机器自己获取知识。如果一个系统能够通过执行某种过程而改变它的性能，那么这个系统就具有学习的能力。机器学习是研究怎样使用计算机模拟或实现人类学习活动的一门科学。具体来讲，机器学习主要有下列三层意思：

1. 对人类已有知识的获取（类似于人类的书本知识学习）。

2. 对客观规律的发现（类似于人类的科学发现）。

3. 对自身行为的修正（类似于人类的技能训练和对环境的适应）。

十一、基于 Agent 的人工智能

这是一种基于感知行为模型的研究途径和方法，我们称其为行为模拟法。这种方法通

过模拟人在控制过程中的智能活动和行为特性，如自寻优、自适应、自学习、自组织等，来研究和实现人工智能。

基于这一方法研究人工智能的典型代表是麻省理工学院的 R.Brooks 教授，他研制的六足行走机器人（也称人造昆虫或机器虫）曾引起人工智能界的轰动。这个机器虫可以被看作新一代的"控制论动物"，它具有一定的适应能力，是运用行为模拟即控制进化方法研究人工智能的代表作。

第五节　人工智能关键技术

一、机器学习

机器学习（Machine Learning）是一门涉及统计学、系统辨识、逼近理论、神经网络、优化理论、计算机科学、脑科学等诸多领域的交叉学科，研究计算机怎样模拟或实现人类的学习行为，以获取新的知识或技能，重新组织已有的知识结构使之不断改善自身的性能，是人工智能技术的核心。基于数据的机器学习是现代智能技术中的重要方法之一，研究从观测数据（样本）出发寻找规律，利用这些规律对未来数据或无法观测的数据进行预测。根据学习模式、学习方法以及算法的不同，机器学习存在不同的分类方法。

（1）根据学习模式将机器学习分为监督学习、无监督学习和强化学习等

监督学习。监督学习是利用已标记的有限训练数据集，通过某种学习策略／方法建立一个模型，实现对新数据／实例的标记（分类）／映射。最典型的监督学习算法包括回归和分类。监督学习要求训练样本的分类标签已知，分类标签精确度越高，样本越具有代表性，学习模型的准确度越高。监督学习在自然语言处理、信息检索、文本挖掘、手写体辨识、垃圾邮件侦测等领域获得了广泛应用。

无监督学习。无监督学习是利用无标记的有限数据描述隐藏在未标记数据中的结构／规律。最典型的非监督学习算法包括单类密度估计、单类数据降维、聚类等。无监督学习不需要训练样本和人工标注数据，便于压缩数据存储、减少计算量、提升算法速度，还可以避免正、负样本偏移引起的分类错误问题。无监督学习主要用于经济预测、异常检测、数据挖掘、图像处理、模式识别等领域，如组织大型计算机集群、社交网络分析、市场分割、天文数据分析等。

强化学习。强化学习是智能系统从环境到行为映射的学习，以使强化信号函数值最大。由于外部环境提供的信息很少，强化学习系统必须靠自身的经历进行学习。强化学习的目标是学习从环境状态到行为的映射，使得智能体选择的行为能够获得环境最大的奖赏，使得外部环境对学习系统在某种意义下的评价最佳。其在机器人控制、无人驾驶、下棋、工

业控制等领域获得成功应用。

（2）根据学习方法可以将机器学习分为传统机器学习和深度学习

传统机器学习。传统机器学习从一些观测（训练）样本出发，试图发现不能通过原理分析获得的规律，实现对未来数据行为或趋势的准确预测。相关算法包括逻辑回归、隐马尔科夫方法、支持向量机方法、K 近邻方法、三层人工神经网络方法、Adaboost 算法、贝叶斯方法以及决策树方法等。传统机器学习平衡了学习结果的有效性与学习模型的可解释性，为解决有限样本的学习问题提供了一种框架，主要用于有限样本情况下的模式分类、回归分析、概率密度估计等。传统机器学习方法共同的重要理论基础之一是统计学，在自然语言处理、语音识别、图像识别、信息检索和生物信息等许多计算机领域获得了广泛应用。

深度学习。深度学习是建立深层结构模型的学习方法，典型的深度学习算法包括深度置信网络、卷积神经网络、受限玻尔兹曼机和循环神经网络等。深度学习又称为深度神经网络（指层数超过 3 层的神经网络）。深度学习作为机器学习研究中的一个新兴领域，由 Hinton 等人于 2006 年提出。深度学习源于多层神经网络，其实质是给出了一种将特征表示和学习合二为一的方式。深度学习的特点是放弃了可解释性，单纯追求学习的有效性。经过多年的摸索尝试和研究，已经产生了诸多深度神经网络的模型，其中卷积神经网络、循环神经网络是两类典型的模型。卷积神经网络常被应用于空间性分布数据；循环神经网络在神经网络中引入了记忆和反馈，常被应用于时间性分布数据。深度学习框架是进行深度学习的基础底层框架，一般包含主流的神经网络算法模型，提供稳定的深度学习API，支持训练模型在服务器和 GPU、TPU 间的分布式学习，部分框架还具备在包括移动设备、云平台在内的多种平台上运行的移植能力，为深度学习算法带来前所未有的运行速度和实用性。目前主流的开源算法框架有 Tensorflow、Caffe/Caffe 2、CNTK、MXNet、PaddlePaddle、Torch/Py Torch、Theano 等。

（3）机器学习的常见算法还包括迁移学习、主动学习和演化学习等

迁移学习。迁移学习是指当在某些领域无法取得足够多的数据进行模型训练时，利用另一领域数据获得的关系进行的学习。迁移学习可以把已训练好的模型参数迁移到新的模型指导新模型训练，可以更有效地学习底层规则、减少数据量。目前的迁移学习技术主要在变量有限的小规模应用中使用，如基于传感器网络的定位、文字分类和图像分类等。未来迁移学习将被广泛应用于解决更有挑战性的问题，如视频分类、社交网络分析、逻辑推理等。

主动学习。主动学习通过一定的算法查询最有用的未标记样本，并交由专家进行标记，然后用查询到的样本训练分类模型来提高模型的精度。主动学习能够选择性地获取知识，通过较少的训练样本获得高性能的模型，最常用的策略是通过不确定性准则和差异性准则选取有效的样本。

演化学习。演化学习对优化问题性质要求极低，只要能够评估解的好坏即可，适用于

求解复杂的优化问题，也能直接用于多目标优化。演化算法包括粒子群优化算法、多目标演化算法等。目前针对演化学习的研究主要集中在演化数据聚类、对演化数据更有效的分类，以及提供某种自适应机制以确定演化机制的影响等。

二、知识图谱

知识图谱本质上是结构化的语义知识库，是一种由节点和边组成的图数据结构，以符号形式描述物理世界中的概念及其相互关系，其基本组成单位是"实体—关系—实体"三元组，以及实体及其相关"属性—值对"。不同实体之间通过关系相互联结，构成网状的知识结构。在知识图谱中，每个节点表示现实世界的"实体"，每条边为实体与实体之间的"关系"。通俗地讲，知识图谱就是把所有不同种类的信息连接在一起而得到的一个关系网络，提供了从"关系"的角度去分析问题的能力。

知识图谱可用于反欺诈、不一致性验证、反组团欺诈等公共安全保障领域，需要用到异常分析、静态分析、动态分析等数据挖掘方法。特别是，知识图谱在搜索引擎、可视化展示和精准营销方面有很大的优势，已成为业界的热门工具。但是，知识图谱的发展还面临很大的挑战，如数据的噪声问题，即数据本身有错误或者数据存在冗余。随着知识图谱应用的不断深入，还有一系列关键技术需要突破。

三、自然语言处理

自然语言处理是计算机科学领域与人工智能领域的一个重要方向，研究能实现人与计算机之间用自然语言进行有效通信的各种理论和方法，涉及的领域较多，主要包括机器翻译、语义理解和问答系统等。

1. 机器翻译

机器翻译技术，是指利用计算机技术实现从一种自然语言到另一种自然语言的翻译过程。基于统计的机器翻译方法突破了之前基于规则和实例的翻译方法的局限性，翻译性能取得巨大提升。基于深度神经网络的机器翻译在日常口语等一些场景的成功应用已经显现出了巨大的潜力。随着上下文的语境表征和知识逻辑推理能力的发展，自然语言知识图谱不断扩充，机器翻译将会在多轮对话翻译及篇章翻译等领域取得更大进展。

目前非限定领域机器翻译中性能较佳的一种是统计机器翻译，包括训练及解码两个阶段。训练阶段的目标是获得模型参数；解码阶段的目标是利用所估计的参数和给定的优化目标，获取待翻译语句的最佳翻译结果。统计机器翻译主要包括语料预处理、词对齐、短语抽取、短语概率计算、最大熵调序等步骤。基于神经网络的端到端翻译方法不需要针对双语句子专门设计特征模型，而是直接把源语言句子的词串送入神经网络模型，经过神经网络的运算，得到目标语言句子的翻译结果。在基于端到端的机器翻译系统中，通常采用递归神经网络或卷积神经网络对句子进行表征建模，从海量训练数据中抽取语义信息，与基于短语的统计翻译相比，其翻译结果更加流畅自然，在实际应用中取得了较好的效果。

2. 语义理解

语义理解技术是指利用计算机技术实现对文本篇章的理解，并且回答与篇章相关问题的过程。语义理解更注重对上下文的理解以及对答案精准程度的把控。随着 MCTest 数据集的发布，语义理解受到更多关注，取得了快速发展，相关数据集和对应的神经网络模型层出不穷。语义理解技术将在智能客服、产品自动问答等相关领域发挥重要作用，进一步提高问答与对话系统的精度。

在数据采集方面，语义理解通过自动构造数据方法和自动构造填空型问题的方法来有效扩充数据资源。为了解决填充型问题，一些基于深度学习的方法被相继提出，如基于注意力的神经网络方法。当前主流的模型是利用神经网络技术对篇章、问题建模，对答案的开始和终止位置进行预测，抽取出篇章片段。对于进一步泛化的答案，处理难度进一步提升，目前的语义理解技术仍有较大的提升空间。

3. 问答系统

问答系统分为开放领域的对话系统和特定领域的问答系统。问答系统技术是指让计算机像人类一样用自然语言与人交流的技术。人们可以向问答系统提交用自然语言表达的问题，系统会返回关联性较高的答案。尽管问答系统目前已经有不少应用产品出现，但大多是在实际信息服务系统和智能手机助手等领域的应用，在问答系统稳健性方面仍然面临着问题和挑战。

自然语言处理面临四大挑战：一是在词法、句法、语义、语用和语音等不同层面存在不确定性；二是新的词汇、术语、语义和语法导致未知语言现象的不可预测性；三是数据资源的不充分使其难以覆盖复杂的语言现象；四是语义知识的模糊性和错综复杂的关联性难以用简单的数学模型描述，语义计算需要参数庞大的非线性计算。

四、人机交互

人机交互主要研究人和计算机之间的信息交换，包括人到计算机和计算机到人的两部分信息交换，是人工智能领域的重要的外围技术。人机交互是与认知心理学、人机工程学、多媒体技术、虚拟现实技术等密切相关的综合学科。传统的人与计算机之间的信息交换主要依靠交互设备进行，包括键盘、鼠标、操纵杆、数据服装、眼动跟踪器、位置跟踪器、数据手套、压力笔等输入设备，以及打印机、绘图仪、显示器、头盔式显示器、音箱等输出设备。人机交互技术除了传统的基本交互和图形交互外，还包括语音交互、情感交互、体感交互及脑机交互等技术，下面对后四种与人工智能关系密切的典型交互手段进行介绍。

1. 语音交互

语音交互是一种高效的交互方式，是人以自然语音或机器合成语音同计算机进行交互的综合性技术，结合了语言学、心理学、工程和计算机技术等领域的知识。语音交互不仅要对语音识别和语音合成进行研究，还要对人在语音通道下的交互机理、行为方式等进行研究。语音交互过程包括语音采集、语音识别、语义理解和语音合成。语音采集完成音频的录入、采样及编码；语音识别完成语音信息到机器可识别的文本信息的转化；语义理解根据语音识别转换后的文本字符或命令完成相应的操作；语音合成完成文本信息到声音信息的转换。作为人类沟通和获取信息最自然便捷的手段，语音交互比其他交互方式更具优势，能为人机交互带来根本性变革，是大数据和认知计算时代未来发展的制高点，具有广阔的发展前景和应用前景。

2. 情感交互

情感是一种高层次的信息传递，情感交互是一种交互状态，它在表达功能和信息时传递情感，勾起人们的记忆或内心的情愫。传统的人机交互无法理解和适应人的情绪或心境，缺乏情感理解和表达能力，计算机难以具有类似人一样的智能，也难以通过人机交互做到真正的和谐与自然。情感交互就是要赋予计算机类似于人一样的观察、理解和生成各种情感的能力，最终使计算机像人一样进行自然、亲切和生动的交互。情感交互已经成为人工智能领域的热点方向，旨在让人机交互变得更加自然。目前，在情感交互信息的处理方式、情感描述方式、情感数据获取和处理过程、情感表达方式等方面还面临诸多技术挑战。

3. 体感交互

体感交互是个体不需要借助任何复杂的控制系统，以体感技术为基础，直接通过肢体动作与周边数字设备装置和环境进行自然的交互。依照体感方式与原理的不同，体感技术主要分为惯性感测、光学感测以及光学联合感测。体感交互通常由运动追踪、手势识别、运动捕捉、面部表情识别等一系列技术支撑。与其他交互手段相比，体感交互技术无论是硬件还是软件方面都有了较大的提升，交互设备向小型化、便携化、使用方便化等方面发展，大大降低了对用户的约束，使得交互过程更加自然。目前，体感交互在游戏娱乐、医疗辅助与康复、全自动三维建模、辅助购物、眼动仪等领域有了较为广泛的应用。

4. 脑机交互

脑机交互又称为脑机接口，是指不依赖于外围神经和肌肉等神经通道，直接实现大脑与外界信息传递的通路。脑机接口系统检测中枢神经系统活动，并将其转化为人工输出指令，能够替代、修复、增强、补充或者改善中枢神经系统的正常输出，改变中枢神经系统与内外环境之间的交互作用。脑机交互通过对神经信号解码，实现脑信号到机器指令的转化，一般包括信号采集、特征提取和命令输出三个模块。从脑电信号采集的角度，一般将脑机接口分为侵入式和非侵入式两大类。除此之外，脑机接口还有其他常见的分类方式：按照信号传输方向可以分为脑到机、机到脑和脑机双向接口；按照信号生成的类型，可分为自发式脑机接口和诱发式脑机接口；按照信号源的不同还可分为基于脑电的脑机接口、基于功能性核磁共振的脑机接口、基于近红外光谱分析的脑机接口。

五、计算机视觉

计算机视觉是使用计算机模仿人类视觉系统的科学，让计算机拥有类似人类提取、处理、理解和分析图像以及图像序列的能力。自动驾驶、机器人、智能医疗等领域均需要通过计算机视觉技术从视觉信号中提取并处理信息。近年来随着深度学习的发展，预处理、特征提取与算法处理渐渐融合，形成端到端的人工智能算法技术。根据解决的问题，计算机视觉可分为计算成像学、图像理解、三维视觉、动态视觉和视频编解码五大类。

1.计算成像学

计算成像学是探索人眼结构、相机成像原理以及延伸应用的科学。在相机成像原理方面，计算成像学不断促进现有可见光相机的完善，使得现代相机更加轻便，适用于不同场景。同时计算成像学也推动着新型相机的发展，使相机超出可见光的限制。在相机应用科学方面，计算成像学可以提升相机的能力，通过后续的算法处理使得在受限条件下拍摄的图像更加完善，如图像去噪、去模糊、暗光增强、去雾霾等，以及实现新的功能，如全景图、软件虚化、超分辨率等。

2.图像理解

图像理解是通过用计算机系统解释图像，实现类似人类视觉系统理解外部世界的一门科学。通常根据理解信息的抽象程度可分为三个层次：浅层理解，包括图像边缘、图像特征点、纹理元素等；中层理解，包括物体边界、区域与平面等；高层理解，根据需要抽取的高层语义信息，可大致分为识别、检测、分割、姿态估计、图像文字说明等。目前高层图像理解算法已逐渐广泛应用于人工智能系统，如刷脸支付、智慧安防、图像搜索等。

3.三维视觉

三维视觉即研究如何通过视觉获取三维信息（三维重建）以及如何理解所获取的三维信息的科学。三维重建可以根据重建的信息来源，分为单目图像重建、多目图像重建和深度图像重建等。三维信息理解即使用三维信息辅助图像理解或者直接理解三维信息。三维信息理解可分为浅层（角点、边缘、法向量等）、中层（平面、立方体等）和高层（物体检测、识别、分割等）。三维视觉技术可以广泛应用于机器人、无人驾驶、智慧工厂、虚拟/增强现实等方向。

4.动态视觉

动态视觉即分析视频或图像序列，模拟人处理时序图像的科学。通常动态视觉问题可以定义为寻找图像元素，如像素、区域、物体在时序上的对应，以及提取其语义信息的问题。动态视觉研究被广泛应用在视频分析以及人机交互等方面。

5.视频编解码

视频编解码是指通过特定的压缩技术，将视频流进行压缩。视频流传输中最为重要的编解码标准有国际电联的 H.261、H.263、H.264、H.265、M-JPEG 和 MPEG 系列标准。视频压缩编码主要分为两大类：无损压缩和有损压缩。无损压缩是指使用压缩后的数据进行重构时，重构后的数据与原来的数据完全相同，如磁盘文件的压缩；有损压缩也称为不可逆编码，是指使用压缩后的数据进行重构时，重构后的数据与原来的数据有差异，但不会使人们对原始资料所表达的信息产生误解。有损压缩的应用范围广泛，如视频会议、可视电话、视频广播、视频监控等。

目前，计算机视觉技术发展迅速，已具备初步的产业规模。未来计算机视觉技术的发展主要面临以下挑战：一是如何在不同的应用领域和其他技术更好地结合，计算机视觉在解决某些问题时可以广泛利用大数据，已经逐渐成熟并且可以超过人类，而在某些问题上却无法达到很高的精度；二是如何压缩计算机视觉算法的开发时间和人力成本，目前计算机视觉算法需要大量的数据与人工标注，需要较长的研发周期以达到应用领域所要求的精度与耗时；三是如何加快新型算法的设计开发，随着新的成像硬件与人工智能芯片的出现，针对不同芯片与数据采集设备的计算机视觉算法的设计与开发也是挑战。

六、生物特征识别

生物特征识别技术，是指通过个体生理特征或行为特征对个体身份进行识别认证的技术。从应用流程来看，生物特征识别通常分为注册和识别两个阶段。注册阶段通过传感器对人体的生物表征信息进行采集，如利用图像传感器对指纹和人脸等光学信息、麦克风对说话声等声学信息进行采集，利用数据预处理以及特征提取技术对采集的数据进行处理，得到相应的特征进行存储。识别过程采用与注册过程一致的信息采集方式对待识别人进行信息采集、数据预处理和特征提取，然后将提取的特征与存储的特征进行比对分析，完成识别。从应用任务来看，生物特征识别一般分为辨认与确认两种任务，辨认是指从存储库中确定待识别人身份的过程，是一对多的问题；确认是指将待识别人信息与存储库中特定单人信息进行比对，确定身份的过程，是一对一的问题。

生物特征识别技术涉及的内容广泛，包括指纹、人脸、虹膜、指静脉、声纹、步态等多种生物特征，其识别过程涉及图像处理、计算机视觉、语音识别、机器学习等多项技术。目前生物特征识别作为重要的智能化身份认证技术，在金融、公共安全、教育、交通等领域得到广泛的应用。下面将对指纹识别、人脸识别、虹膜识别、指静脉识别、声纹识别以及步态识别等技术进行介绍。

1. 指纹识别

指纹识别过程通常包括数据采集、数据处理、分析判别三个过程。数据采集是通过光、电、力、热等物理传感器获取指纹图像；数据处理包括预处理、畸变校正、特征提取三个过程；分析判别是对提取的特征进行分析判别的过程。

2. 人脸识别

人脸识别是典型的计算机视觉应用，从应用过程来看，可将人脸识别技术划分为检测定位、面部特征提取以及人脸确认三个过程。人脸识别技术的应用主要受到光照、拍摄角度、图像遮挡、年龄等多个因素的影响，在约束条件下人脸识别技术相对成熟；在自由条件下人脸识别技术还在不断改进。

3. 虹膜识别

虹膜识别的理论框架主要包括虹膜图像分割、虹膜区域归一化、特征提取和识别四个部分，研究工作大多是基于此理论框架发展而来的。虹膜识别技术应用的主要难题包含传感器和光照影响两个方面：一方面，由于虹膜尺寸小且受黑色素遮挡，需在近红外光源下采用高分辨图像传感器才可清晰成像，对传感器质量和稳定性要求比较高；另一方面，光照的强弱变化会引起瞳孔缩放，导致虹膜纹理产生复杂形变，增加了匹配的难度。

4. 指静脉识别

指静脉识别是利用人体静脉血管中的脱氧血红蛋白对特定波长范围内的近红外线有很好的吸收作用这一特性，采用近红外光对指静脉进行成像与识别的技术。由于指静脉血管分布随机性很强，其网络特征具有很好的唯一性，且属于人体内部特征，不受外界影响，因此模态特性十分稳定。指静脉识别技术应用面临的主要难题来自成像单元。

5. 声纹识别

声纹识别是指根据待识别语音的声纹特征识别说话人的技术。声纹识别技术通常分为前端处理和建模分析两个阶段。声纹识别的过程是将某段来自某个人的语音经过特征提取后与多复合声纹模型库中的声纹模型进行匹配，常用的识别方法可以分为模板匹配法、概率模型法等。

6. 步态识别

步态是远距离复杂场景下唯一可清晰成像的生物特征，步态识别是指通过身体体型和行走姿态来识别人的身份。相比上述几种生物特征识别，步态识别的技术难度更大，体现在其需要从视频中提取运动特征，需要更高要求的预处理算法，但步态识别具有远距离、跨角度、光照不敏感等优势。

七、虚拟现实 / 增强现实

虚拟现实（VR）/ 增强现实（AR）是以计算机为核心的新型视听技术。结合相关科学技术，在一定范围内生成与真实环境在视觉、听觉、触感等方面高度近似的数字化环境。用户借助必要的装备与数字化环境中的对象进行交互，相互影响，获得近似真实环境的感受和体验，通过显示设备、跟踪定位设备、触力觉交互设备、数据获取设备、专用芯片等实现。

从技术特征角度，按照不同处理阶段，虚拟现实 / 增强现实可以分为获取与建模技术、分析与利用技术、交换与分发技术、展示与交互技术以及技术标准与评价体系五个方面。获取与建模技术研究如何把物理世界或者人类的创意进行数字化和模型化，难点是三维物理世界的数字化和模型化技术；分析与利用技术重点研究对数字内容进行分析、理解、搜索和知识化的方法，其难点在于内容的语义表示和分析；交换与分发技术主要强调各种网络环境下大规模的数字化内容流通、转换、集成和面向不同终端用户的个性化服务等，其核心是开放的内容交换和版权管理技术；展示与交互技术重点研究符合人类习惯数字内容的各种显示技术及交互方法，以期提高人对复杂信息的认知能力，其难点在于建立自然和谐的人机交互环境；技术标准与评价体系重点研究虚拟现实／增强现实基础资源、内容编目、信源编码等的规范标准以及相应的评估技术。

目前虚拟现实／增强现实面临的挑战主要体现在智能获取、普适设备、自由交互和感知融合四个方面。在硬件平台与装置、核心芯片与器件、软件平台与工具、相关标准与规范等方面存在一系列科学技术问题。总体来说，虚拟现实／增强现实呈现虚拟现实系统智能化、虚实环境对象无缝融合、自然交互全方位与舒适化的发展趋势。

综上所述，人工智能技术在以下方面的发展有显著的特点，是进一步研究人工智能发展趋势的重点。

1. 技术平台开源化

开源的学习框架在人工智能领域的研发成绩斐然，对深度学习领域影响巨大。开源的深度学习框架使开发者可以直接使用已经研发成功的深度学习工具，减少二次开发，提高效率，促进业界紧密合作和交流。国内外产业巨头也纷纷意识到通过开源技术建立产业生态，是抢占产业制高点的重要手段。通过技术平台的开源化，可以扩大技术规模，整合技术和应用，有效布局人工智能全产业链。谷歌、百度等国内外龙头企业纷纷布局开源人工智能生态，未来将有更多的软硬件企业参与开源生态。

2. 专用智能向通用智能发展

目前人工智能的发展主要集中在专用智能方面，具有领域局限性。随着科技的发展，各领域之间相互融合、相互影响，需要一种范围广、集成度高、适应能力强的通用智能，提供从辅助性决策工具到专业性解决方案的升级。通用人工智能具备执行一般智慧行为的能力，可以将人工智能与感知、知识、意识和直觉等人类的特征互相连接，减少对领域知识的依赖性，提高处理任务的普适性，这将是人工智能未来的发展方向。未来的人工智能将广泛地涵盖各个领域，消除各领域之间的应用壁垒。

3. 智能感知向智能认知方向迈进

人工智能的主要发展阶段包括运算智能、感知智能、认知智能，这一观点得到业界的广泛认可。早期阶段的人工智能是运算智能，机器具有快速计算和记忆存储能力。当前大数据时代的人工智能是感知智能，机器具有视觉、听觉、触觉等感知能力。随着类脑科技的发展，人工智能必然向认知智能时代迈进，即让机器能理解、会思考。

第六节　人工智能产业现状及未来发展趋势

人工智能作为新一轮产业变革的核心驱动力，将催生新的技术、产品、产业、业态、模式，引发经济结构的重大变革，实现社会生产力的整体提升。本节重点围绕智能基础设施建设、智能信息及数据和智能技术服务三个方面进行介绍，并总结人工智能行业应用及产业发展趋势。

一、智能基础设施

智能基础设施为人工智能产业提供计算能力支撑，其范围包括智能芯片、智能传感器、分布式计算框架等，都是人工智能产业发展的重要保障。

1. 智能芯片

智能芯片从应用角度可以分为训练和推理两种类型。从部署场景来看，可以分为云端和设备端两大类。由于训练过程涉及海量的训练数据和复杂的深度神经网络结构，需要庞大的计算规模，主要使用智能芯片集群来完成。与训练的计算量相比，推理的计算量较少，但仍然涉及大量的矩阵运算。目前，训练和推理通常都在云端实现，只有对实时性要求很高的设备会交由设备端处理。

随着互联网用户量和数据规模的急剧膨胀，人工智能发展对计算性能的要求迫切增长，对 CPU 计算性能提升的需求超过了摩尔定律的增长速度。同时，受限于技术，传统处理器性能也无法按照摩尔定律继续增长，发展下一代智能芯片势在必行。未来的智能芯片主要向两个方向发展：一是模仿人类大脑结构的芯片；二是量子芯片。

2. 智能传感器

智能传感器是具有信息处理功能的传感器。智能传感器带有微处理机，具备采集、处理、交换信息等功能，是传感器集成化与微处理机相结合的产物。智能传感器属于人工智能的神经末梢，用于全面感知外界环境。各类传感器的大规模部署和应用为实现人工智能创造了不可或缺的条件。不同应用场景，如智能安防、智能家居、智能医疗等对传感器应用提出了不同要求。未来，高敏度、高精度、高可靠性、微型化、集成化将成为智能传感器发展的重要趋势。

3. 分布式计算框架

面对海量的数据处理、复杂的知识推理，常规的单机计算模式已经不能满足需要。所以，计算模式必须将巨大的计算任务分成小的单机可以承受的计算任务，即云计算、边缘计算，为大数据技术提供了基础的计算框架。

二、智能信息及数据

目前，人工智能数据采集、分析、处理方面的企业主要有两种：一种是数据集提供商，以提供数据为自身主要业务，为需求方提供机器学习等技术所需要的不同领域的数据集；另一种是数据采集、分析、处理综合性厂商，自身拥有获取数据的途径，并对采集到的数据进行分析处理，最终将处理后的结果提供给需求方使用。对于一些大型企业，企业本身也是数据分析处理结果的需求方。

三、智能技术服务

智能技术服务主要关注如何构建人工智能的技术平台，并对外提供人工智能相关的服务。此类厂商在人工智能产业链中处于关键位置，依托基础设施和大量的数据，为各类人工智能的应用提供关键性的技术平台、解决方案和服务。目前，从提供服务的类型来看，智能技术服务厂商包括三类：（1）提供人工智能的技术平台和算法模型；（2）提供人工智能的整体解决方案；（3）提供人工智能在线服务。这三类角色并不是严格区分开的，很多情况下会出现重叠，随着技术的发展成熟，在人工智能产业链中已有大量的厂商同时具备上述两类或者三类角色的特征。

四、人工智能行业应用

1. 智能制造

智能制造是基于新一代信息通信技术与先进制造技术深度融合，贯穿于设计、生产、管理、服务等制造活动的各个环节，具有自感知、自学习、自决策、自执行、自适应等功能的新型生产方式。例如，现有涉及智能装备故障问题的纸质化文件，可通过自然语言处理，形成数字化资料，再通过非结构化数据向结构化数据的转换，形成深度学习所需的训练数据，构建设备故障分析的神经网络，为下一步故障诊断、优化参数设置提供决策依据。

2. 智能家居

智能家居是以住宅为平台，基于物联网技术，由硬件（智能家电、智能硬件、安防控制设备、家具等）、软件系统、云计算平台构成的家居生态圈，实现人远程控制设备、设备间互联互通、设备自我学习等功能，并通过收集、分析用户行为数据为用户提供个性化生活服务，使家居生活安全、节能、便捷等。例如，借助智能语音技术，用户应用自然语言实现对家居系统各种设备的操控，如开关窗帘（窗户）、操控家用电器和照明系统、打扫卫生等操作；借助机器学习技术，智能电视可以从用户看电视的历史数据中分析其兴趣和爱好，将相关的节目推荐给用户；通过应用声纹识别、脸部识别、指纹识别等技术进行开锁等；大数据技术可以使智能家电实现对自身状态及环境的感知，具有故障诊断能力。

3. 智能金融

智能金融对于金融机构的业务部门来说，可以帮助获客，精准服务客户，提高效率；对于金融机构的风险控制部门来说，可以提高风险控制，增加安全性；对于用户来说，可以实现资产优化配置，体验金融机构更加完美的服务。人工智能在金融领域的应用主要包括以下方面：智能获客，依托大数据，对金融用户进行画像，通过需求响应模型，极大地提升获客效率；身份识别，以人工智能为内核，通过人脸识别、声纹识别、指静脉识别等生物识别手段，再加上各类票据、身份证、银行卡等证件票据的 OCR 识别等技术手段，对用户身份进行验证，大幅降低核验成本，有助于提高安全性。

4. 智能交通

智能交通系统（Intelligent Traffic System，ITS）是借助现代科技手段和设备，将各核心交通元素联通，实现信息互通与共享以及各交通元素的彼此协调、优化配置和高效使用，形成人、车和交通的高效协同环境，建立安全、高效、便捷和低碳的交通。ITS 应用最广泛的地区是日本，其次是美国、欧洲等地区。中国的智能交通系统近几年也发展迅速，在北京、上海、广州、杭州等大城市已经建设了先进的智能交通系统，其中，北京建立了道路交通控制、公共交通指挥与调度、高速公路管理和紧急事件管理等四大 ITS 系统；广州建立了交通信息共用主平台、物流信息平台和静态交通管理等三大 ITS 系统。

5. 智能安防

智能安防技术是一种利用人工智能对视频、图像进行存储和分析，从中识别安全隐患并对其进行处理的技术。智能安防与传统安防的最大区别在于智能化，传统安防对人的依赖性比较强，非常耗费人力，而智能安防能够通过机器实现智能判断，尽可能实现实时的安全防范和处理。

智能安防目前涵盖众多领域，如街道社区、道路、楼宇建筑、机动车辆的监控，移动物体监测等。今后智能安防还要解决海量视频数据分析、存储控制及传输问题，将智能视频分析技术、云计算及云存储技术结合起来，构建智慧城市下的安防体系。

6. 智能医疗

近几年，智能医疗在辅助诊疗、疾病预测、医疗影像辅助诊断等方面发挥了重要作用。

在辅助诊疗方面，通过人工智能技术可以有效提高医护人员的工作效率，提升一线全科医生的诊断治疗水平。例如，利用智能语音技术可以实现电子病历的智能语音录入；利用智能影像识别技术，可以实现医学图像自动读片；利用智能技术和大数据平台，构建辅助诊疗系统。

在疾病预测方面，人工智能借助大数据技术可以进行疫情监测，及时有效地预测并防止疫情的进一步扩散和发展。以流感为例，很多国家都有规定，当医生发现新型流感病例时需告知疾病控制与预防中心。但由于人们患病后可能不及时就医，同时信息传达回疾控中心也需要时间，因此通告新流感病例时往往会有一定的延迟，人工智能通过疫情监测能够有效缩短响应时间。

在医疗影像辅助诊断方面，影像判读系统的发展是人工智能技术的产物。早期的影像判读系统主要靠人手工编写判定规则，存在耗时长、临床应用难度大等问题，未能得到广泛推广。影像组学是通过医学影像对特征进行提取和分析，为患者预前和预后的诊断和治疗提供评估方法和精准诊疗决策，大大简化了人工智能技术的应用流程，节约了人力成本。

7. 智能物流

智能物流是在利用条形码、射频识别技术、传感器、全球定位系统等方面优化改善运输、仓储、配送装卸等物流业技术的同时，使用智能搜索、推理规划、计算机视觉及智能机器人等技术，实现货物运输过程的自动化运作和高效率优化管理，提高物流效率。例如，在仓储环节，利用大数据智能分析大量历史库存数据，建立相关预测模型，实现物流库存商品的动态调整。大数据智能也可以支撑商品配送规划，实现物流供给与需求匹配、物流资源优化与配置等。在货物搬运环节，加载计算机视觉、动态路径规划等技术的智能搬运机器人（如搬运机器人、货架穿梭车、分拣机器人等）得到广泛应用，大大减少了订单出库所需时间，使物流仓库的存储密度、搬运的速度、拣选的精度大幅度提升。

五、人工智能产业发展趋势

数据资源、运算能力、核心算法共同发展，掀起人工智能第三次新浪潮。人工智能产业正处于从感知智能向认知智能的进阶阶段，诸如无人驾驶、全自动智能机器人等仍处于开发中，与大规模应用仍有一定距离。

1. 智能服务呈现线下和线上的无缝结合

分布式计算平台的广泛部署和应用，扩大了线上服务的应用范围。同时人工智能技术产品不断涌现，如智能家居、智能机器人、自动驾驶汽车等，为智能服务带来新的渠道或新的传播模式，使得线上服务与线下服务的融合进程加快，促进多产业升级。

2. 智能化应用场景从单一向多元发展

目前人工智能的应用领域还多处于专用阶段，如人脸识别、视频监控、语音识别等都主要用于完成具体任务，覆盖范围有限，产业化程度有待提高。随着智能家居、智慧物流等产品的推出，人工智能的应用终将进入面向复杂场景、处理复杂问题、提高社会生产效率和生活质量的新阶段。

3. 人工智能和实体经济深度融合进程将进一步加快

党的十九大报告提出"推动互联网、大数据、人工智能和实体经济深度融合"，一方面，制造强国建设的加快将促进人工智能等新一代信息技术产品的发展和应用，助推传统产业转型升级，推动战略性新兴产业实现整体性突破。另一方面，随着人工智能底层技术的开源化，传统行业将有望加快掌握人工智能基础技术，并依托其积累的行业数据资源实现人工智能与实体经济的深度融合创新。

第七节　安全、伦理、隐私问题

历史经验表明，新技术常常能够提高生产效率，促进社会进步。与此同时，由于人工智能尚处于初期发展阶段，该领域的安全、伦理、隐私的政策、法律和标准问题值得关注。就人工智能技术而言，安全、伦理和隐私问题直接影响人们与人工智能工具交互经验中对人工智能技术的信任。社会公众必须相信人工智能技术能够给人类带来的安全利益远大于伤害，才有可能发展人工智能。要保障安全，人工智能技术本身及在各个领域的应用应遵循人类社会所认同的伦理原则，其中应特别关注的是隐私问题。因为人工智能的发展伴随着越来越多的个人数据被记录和分析，而在这个过程中保护个人隐私则是社会信任能够增加的重要条件。总之，建立一个令人工智能技术造福于社会、保护公众利益的政策、法律和标准化环境，是人工智能技术持续、健康发展的重要前提。本节将集中讨论与人工智能技术相关的安全、伦理、隐私的政策和法律问题。

一、人工智能的安全问题

人工智能最大的特征，是能够实现无人类干预、基于知识并能够自我修正地自动化运行。在开启人工智能系统后，人工智能系统的决策不再需要操控者进一步的指令，这种决策可能会产生人类预料不到的结果。设计者和生产者在开发人工智能产品的过程中并不能准确预知某一产品存在的可能风险。因此，人工智能的安全问题不容忽视。

与传统的公共安全（如核技术）需要强大的基础设施作为支撑不同，人工智能以计算机和互联网为依托，无须昂贵的基础设施就能造成安全威胁。掌握相关技术的人员可以在任何时间、地点且没有昂贵基础设施的情况下做出人工智能产品。人工智能的程序运行并非公开可追踪，其扩散途径和速度也难以精确控制。在无法利用已有传统管制技术的条件下，对人工智能技术的管制必须另辟蹊径。换言之，管制者必须考虑更为深层的伦理问题，保证人工智能技术及其应用均符合伦理要求，才能真正实现保障公共安全的目的。

由于人工智能技术目标的实现受其初始设定的影响，必须能够保障人工智能设计的目标与大多数人的利益和伦理道德一致，即使在决策过程中面对不同的环境，人工智能也能做出相对安全的决定。从人工智能的技术应用方面看，要充分考虑人工智能开发和部署过程中的责任和过错问题，通过为人工智能技术开发者、产品生产者或者服务提供者、最终使用者设定权利和义务的具体内容，达到落实安全保障要求的目的。

此外，目前世界各国关于人工智能管理的规定尚不统一，相关标准也处于空白状态，同一人工智能技术的参与者可能来自不同国家，而这些国家尚未签署针对人工智能的共有合约。为此，我国应加强国际合作，推动制定一套世界通用的管制原则和标准保障人工智能技术的安全性。

二、人工智能的伦理问题

人工智能是人类智能的延伸，也是人类价值系统的延伸。在其发展的过程中，应当包含对人类伦理价值的正确考量。设定人工智能技术的伦理要求，要依托于社会和公众对人工智能伦理的深入思考和广泛共识，并遵循一些共识原则。

一是人类利益原则，即人工智能应以实现人类利益为终极目标。这一原则体现对人权的尊重、对人类和自然环境利益最大化，以及降低技术风险和对社会的负面影响。在此原则下，政策和法律应致力于人工智能发展的外部社会环境的构建，推动对社会个体的人工智能伦理和安全意识教育，让社会警惕人工智能技术被滥用的风险。此外，还应该警惕人工智能系统做出与伦理道德有偏差的决策。例如，大学利用机器学习算法来评估入学申请，假如用于训练算法的历史入学数据（有意或无意）反映出之前的录取程序的某些偏差（如性别歧视），那么机器学习可能会在重复累计的运算过程中恶化这些偏差，造成恶性循环。如果没有纠正，偏差会以这种方式在社会中永久存在。

二是责任原则，即在技术开发和应用两方面都建立明确的责任体系，以便在技术层面对人工智能技术开发人员或部门问责，在应用层面可以建立合理的责任和赔偿体系。在责任原则下，在技术开发方面应遵循透明度原则，在技术应用方面则应当遵循权责一致原则。

其中，透明度原则要求了解系统的工作原理从而预测未来发展，即人类应当知道人工智能如何以及为何做出特定决定，这对于责任分配至关重要。例如，在神经网络人工智能的重要议题中，人们需要知道为什么会产生特定的输出结果。另外，数据来源透明度也同样非常重要。即便是在处理没有问题的数据集时，也有可能面临数据中隐含的偏见问题。透明度原则还要求开发技术时注意多个人工智能系统协作产生的危害。

权责一致原则指的是未来政策和法律应该做出明确规定：一方面必要的商业数据应被合理记录、相应算法应受到监督、商业应用应受到合理审查；另一方面商业主体仍可利用合理的知识产权或者商业秘密来保护本企业的核心参数。在人工智能的应用领域，权利和责任一致的原则尚未在商界、政府对伦理的实践中完全实现。主要是由于在人工智能产品和服务的开发和生产过程中，工程师和设计团队往往忽视伦理问题。此外，人工智能的整个行业尚未习惯综合考量各个利益相关者需求的工作流程，人工智能相关企业对商业秘密的保护也未与透明度相平衡。

三、人工智能的隐私问题

人工智能的近期发展建立在大量数据的信息技术应用之上，不可避免地涉及个人信息的合理使用问题，因此对于隐私应该有明确且可操作的定义。人工智能技术的发展也让侵犯个人隐私（的行为）更为便利，因此相关法律和标准应该为个人隐私提供更强有力的保护。已有的对隐私信息的管制包括对使用者未明示同意的收集，以及使用者明示同意条件下的个人信息收集两种类型的处理。人工智能技术的发展对原有的管制框架带来了新的挑战，原因是使用者所同意的个人信息收集范围不再有确定的界限。利用人工智能技术很容易推导出公民不愿意泄露的隐私，例如从公共数据中推导出私人信息，从个人信息中推导出和个人有关的其他人员（如朋友、亲人、同事）信息（在线行为、人际关系等）。这类信息超出了最初个人同意披露的个人信息范围。

此外，人工智能技术的发展使政府对于公民个人数据信息的收集和使用更加便利。大量个人数据信息能够帮助政府各个部门更好地了解所服务的人群状态，确保个性化服务的机会和质量。但随之而来的是，政府部门和工作人员不恰当使用个人数据信息的风险和潜在的危害，应当得到足够的重视。

人工智能语境下，应对个人数据的获取和知情同意重新进行定义。首先，相关政策、法律和标准应直接对数据的收集和使用进行规制，而不能仅仅征得数据所有者的同意；其次，应当建立实用、可执行的、适应于不同使用场景的标准流程，以供设计者和开发者保护数据来源的隐私；再次，对于利用人工智能可能推导出超过公民最初同意披露的信息的行为应该进行规制；最后，政策、法律和标准对于个人数据管理应该采取延伸式保护，鼓励发展相关技术，探索将算法工具作为个体在数字和现实世界中的代理人。这种方式使得控制和使用两者共存，因为算法代理人可以根据不同的情况，设定不同的使用权限，例如，管理个人同意与拒绝分享的信息。

第二章　人工智能时代的来临

在人类漫长的进化历程中，制造和使用的工具在不断地发展变化，技术的力量不断推动着人类创造出新的世界。今天，以大数据、人工智能、互联网、物联网、区块链为代表的新一代信息技术获得了突飞猛进的发展，日益广泛地渗入生产和生活的方方面面，把人类社会带入智能时代。身处智能新时代的我们，要更好地发挥智能技术在经济领域中的作用，使其与经济各产业深度融合，就必须了解何为人工智能、人工智能与人类智能有何异同、人工智能将如何重塑经济形态等诸如此类的问题。

第一节　初识 AI：回顾过去与立足当下

当前，人工智能已经逐步从科幻走进现实，进入高速发展时期，并逐渐把人类社会推向智能时代。

从经济角度来看，人工智能作为引领未来的战略性高科技和新一轮产业变革的核心驱动力，正催生新产品、新产业以及新模式，导致产业智能化和智能产业化，引发经济结构的重大变革和传统产业的转型升级，深刻影响和改变人们的生产方式、生活方式和思维模式。世界各国都已认识到准确掌握和利用人工智能技术是未来国家之间竞争的关键赛场，对于提升本国的国际地位和国际竞争力至关重要。因此，各国为占领新一轮科技革命的历史高点，正积极部署人工智能发展战略。我国人口众多并初显人口老龄化趋势，同时面临着可持续发展以及经济结构转型升级的巨大挑战，结合我国国情与现实需求，人工智能技术对于我国的发展是一个历史性的战略机遇。

从产业发展层面来看，人工智能技术重塑社会再生产的四大环节（生产、分配、交换、消费），创造的智能化新需求从宏观领域延伸到微观领域，同时催生了新型经济形态，实现了社会生产力的整体跃升。全球人工智能核心产业规模呈逐年上升趋势，2017 年全球的人工智能核心产业规模已超过 370 亿美元，其中，我国的人工智能核心产业规模已达56 亿美元左右。

当前，人工智能在我国的研发进入了高速发展时期，一大批人工智能应用项目成功落地。人工智能作为一种引领未来的战略性高科技，无论是从全球视角来看，还是从中国视角来看，都将呈现出规模化、安全化、健康化的发展趋势。

从全球视角来看，随着各国加大对人工智能研发的投入力度，人工智能技术已逐步走出实验室，进入人们的日常生活，日益显现出智能产业化、产业智能化的发展趋势。同时，在智能技术的赋能下，各大行业开启了转型升级之路，产业规模的经济潜力厚积薄发。

众所周知，创新是引领发展的第一动力，谁掌握了关键核心技术，谁就能够在激烈的国际竞争中抢占制高点，赢得竞争优势。近几年来，我国陆续出台了一系列人工智能规划，紧锣密鼓地布局人工智能，对人工智能的研发处于世界前列。我国不仅是人工智能大国，还为人工智能的发展与应用发挥了强大的推动作用。此外，大数据等技术的飞速发展加速了人工智能的发展，人工智能的研究方向也变得更加人性化，公众对人工智能安全风险和社会治理的关注度与日俱增。

《2019年中国人工智能行业规模、产业三大业态、行业竞争格局及行业发展趋势分析》数据显示（如图2-1所示）：2015年全球人工智能市场规模已突破1684亿元人民币，2015—2018年，保持平均17%的年增长率，规模迅速扩张到2018年的2700亿元人民币。

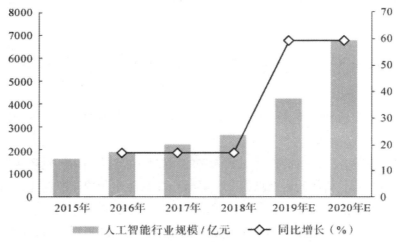

图 2-1　2015—2020 年全球人工智能市场规模及增长率

从中国视角来看，前瞻产业研究院发布的《中国人工智能行业市场前瞻与投资战略规划分析报告》统计数据显示（如图2-2所示）：2015年中国人工智能市场规模已突破100亿元；2016年中国人工智能市场规模达到141.9亿元，同比增长26.3%；截至2017年，中国人工智能市场规模增长至216.9亿元，同比增长52.8%。

人工智能在经济领域的应用是一个循序渐进的过程，由一开始人们的抵触到如今的广泛应用，人工智能应用逐渐被人们接受。例如，人工智能技术在营销中能根据用户的浏览历史对消费者的消费需求进行分析，然后根据分析数据为消费者提供精准的、满足消费者购买欲望的产品服务，精准定位，智能营销，最大化地满足消费者的合意需求。人工智能给消费者带来了便利，加速释放了全球人工智能市场的需求，人工智能的发展是大势所趋，是生产力发展的必然结果。

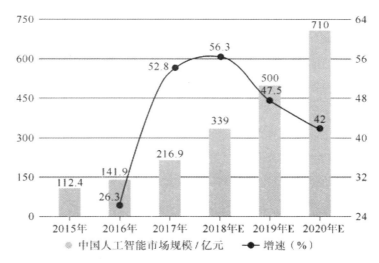

图 2-2　2015—2020 年中国人工智能市场规模统计及增长情况预测

人工智能产业涉及的覆盖面广泛，主要包括基础层、技术层以及应用层三个层面。在人工智能基础层领域，占据优势地位的企业多为谷歌、阿里巴巴等互联网科技巨头，它们拥有数据、技术、资金等方面的优势。同时，由于行业所具有的特点，如研发大数据、云计算等需要大量的资金投入、复杂的技术设备、先进的人才支撑，以及研发周期较长等，为了保证该行业能够更快更好地发展，必然需要政府的投资与支持，这也使得参与者多为具有庞大数据优势的互联网巨头。虽然基础层具有较高的行业壁垒，大部分新兴初创企业处于被并购的地位，但这并不意味着中小创业公司在这一领域毫无机会。这些中小创业公司可吸收全球海量的创业投资资金以助力自身的崛起。

在技术层方面，技术力量不断完善发展，感知信息是机器获取信息的渠道，目前，人工智能在信息感知方面已有较大突破。这一层面主要涉及图像识别、语音识别、智能感知以及自然语言理解四个方面。

一是图像识别。图像识别是人工智能的一个重要领域，正在成为人工智能领域的智慧浪潮。顾名思义，图像识别就是以计算机为基础，对一系列海量的图像进行分析，区分归纳出不同图像的技术。在日益信息化的社会中，图像识别技术被应用于各行各业，如医疗、航天、教育、工业等，特别是对人工智能具有深远影响，其通过计算机替代人力去完成大量无法识别或过于耗时耗资源的问题，使得劳动力大量地从烦琐的工作中解放出来。图像识别涉及的领域是非常抽象的，但其在社会生活中的涉及面越来越广，在各领域中也发挥着举足轻重的作用，在经济活动以及人们的日常工作和生活中扮演着重要的角色。图像识别在具体情境中的应用将重塑企业经济形态和人们的生活形态。

二是语音识别。语音识别也称为自动语音识别，是一门交叉学科。在过去 30 多年的人工智能发展中，语音识别技术有了较大的发展，使得语音识别从实验室走进现实，在家电、电子通信、汽车驾驶、家庭服务、医疗、电子产品等领域均有所涉及。语音识别技术被认为是 2000—2010 年信息技术领域十大重要的科技发展技术之一，旨在将人类的语音内容转换为计算机可读的数据输入，如按键、二进制编码或者字符序列。语音识别主要借助于模式匹配方法，根据识别对象的不同，语音识别可分为孤立词识别（识别事先已知的单个的词语）、关键词识别（识别一句话或一段话中已知的若干个关键词）、连续语音识别（识别任意的一句或一段语音）三类；针对发音人的不同，语音识别又可分为特定人语音识别（只能识别一个人或几个人的语音）和非特定人语音识别（可被任何人使用，难度也更大）两类。近年来，语音识别技术使得机器能够听懂人类的语言，加之深度学习算法的发展，各种电子设备具备将语音转化为文本的能力，语音识别技术发展迅猛。

三是智能感知。以上两者涉及的是视觉和听觉，而触觉在信息获取方面也是至关重要的。智能感知是指利用各种传感设备来获取外界的信息，其包括记忆、判断、推理等过程。由于科技的进步发展，智能感知领域的研究成果层出不穷，智能手环就是一个很成功的例子，它可以通过与身体直接接触，利用传感器识别人体的各项指标，判断一个人的健康状况以做出及时的提醒与反馈。

四是自然语言理解。自然语言理解也称为人机对话，是人工智能的一个分支学科，是人工智能领域研究的一个重要方向。它研究用电子计算机模拟人的语言交际过程，使计算机能理解和运用人类社会的自然语言（如汉语、英语等），实现人机之间的自然语言通信，以代替人的部分脑力劳动，包括查询资料、解答问题、摘录文献、汇编资料以及一切有关自然语言信息的加工处理，即研究能实现人与计算机之间用自然语言进行有效通信的各种理论和方法。

在应用层方面，人工智能应用涉及的领域越来越广，在未来将涉及几乎所有的产业。目前，人工智能取得重大突破的主要有智能工厂、智能机器人、智能医疗、智能家居、智能金融、智能零售等。各应用系统之间的连接性较差是应用层面临的一个棘手问题。市场上的各个企业进行交易时均在推广自己的应用平台，同时大多数行业呈寡头竞争格局，它们都不愿主动让出自己的领域去连接其他企业的平台系统。此外，技术层面还存在技术力量薄弱的问题，算力、算法并不能解决全部问题，在一些复杂的应用场景还有待加强技术开发，如无人驾驶技术。应用层面的市场开发力度也有待加大。

总之，人工智能作为一门新兴的交叉学科，未来将会成为推动人类进步和时代变迁的主流学科之一。当前，人工智能某些领域的研究成果已被广泛地应用于生产和生活的各个领域。随着新一代信息技术的快速发展，人工智能行业会引起越来越多的关注，得到越来越广泛的应用，促进科技创新与社会进步。同时，行业的发展也会对世界现有的政治、经济格局产生强烈的冲击，机遇与挑战并存。我们要合理利用人工智能技术，把握机遇，发展经济，提升生活品质，建设智能社会，构建更便捷、更智能的幸福生活。

第二节　人机对阵：人类智能与人工智能

一、人工智能

1956 年，约翰·麦卡锡（John McCarthy）在达特茅斯会议（Dartmouth Conference）上提出了人工智能的一个比较流行的定义：人工智能就是要让机器的行为看起来像是人所表现出的智能行为一样。目前，对人工智能的定义较多，大致可划分为四类，即机器"像人一样思考""像人一样行动""理性地思考"和"理性地行动"。人工智能作为一门交叉学科，立足于多种学科相互渗透，是研究如何在计算机上模拟、实现、扩展人类智能的一种前沿科学技术，已经成为当下研究和应用的热点。通过人工智能技术，计算机可以熟练完成曾经只有人类才能完成的工作，减少了人类的工作量，成为21世纪的三大尖端技术（空间技术、能源技术和人工智能）之一，从侧面反映出人工智能依然处于蓬勃发展阶段。人工智能综合多种技术形成的新型交叉技术，可提供不同应用场景和在不同行业中的解决方案，移动互联网、金融、交通等多个行业已率先深受其益。

人工智能这个概念可以从"人工"和"智能"两方面来理解。从字面意思来看，"人工"一词并不难理解，所谓"人工"，指的是人为的、人造的，可以凭借人类自身力量进行发明制造的，其涉及的深度并未达到可以创造人工智能的程度。"智能"是一个抽象的概念，比"人工"要复杂得多，其字面意思是利用人的智慧来扩展人的能力，更深层次的含义则涉及人的思维、情感、意识等问题。虽然古今中外有许多科学家一直致力于探索"智能"，但并未得出一个确切的定义。结合"人工"与"智能"二者的概念，我们可以把人工智能理解为研究、开发用于模拟、延伸和扩展人的智能的理论、方法、技术以及应用系统的一门新的技术科学。

随着新一代信息技术的快速发展，人工智能技术的应用涉及人们的衣、食、住、行，已深入人们生产和生活中的方方面面。人工智能在当今世界随处可见，部分人工智能在计算、决策以及分析方面的能力已经超越了人类，某些岗位的工作已被人工智能取代，岗位的替代会引发失业，引起人们的焦虑。人工智能作为当下最先进的战略性高科技，其在经济和社会发展中既有优势，又有劣势。我们要利用好这项新兴技术力量，就必须正确区分人工智能技术的优劣。人工智能具有如下优势与劣势。

一是人工智能拥有强大的计算、分析、决策能力。人工智能虽说是由人类研发的，但其计算、分析、决策能力远高于人类，在保证速度的同时，其准确率也是相当高的，出错的概率微乎其微。例如，人们利用人工智能进行语音识别、图像处理、信息存储、决策等活动的准确率与信息处理能力都是极高的。然而，任何一种技术力量都具有局限性，人工智能也不例外，人工智能并不能处理与解决所有的问题，在涉及教育与情感方面的较为复杂的工作时，人工智能也束手无策，并不能取代人类。

二是人工智能目前仍依赖于人为操控。尽管当前许多人工智能产品拥有高超的智慧，但与人类的智慧相比，还有一定的差距，人工智能在某些方面仍存在一定的局限性。许多人工智能产品并不能依靠自身自主可控地工作，其要维持正常的工作，还必须借助于人工操作，一旦脱离了人工操作，这些智能产品将无法正常发挥其性能。以计算机为例，计算机作为能够高速处理海量数据的先进高科技产品，其对人们的生产、生活产生的影响是不言而喻的。然而，如果不依赖于人工，计算机的功能则大打折扣，甚至只是一个作为摆设的机器，更别提为人们高效的工作、生活提供便利了。

三是人工智能也存在意外情况，并不能保证不出错。例如，由亚马逊公司研制的智能音箱 Amazon Echo 被认为是最稳健的智能音箱之一，可以通过简单的语音指令帮助人们完成日常的一些琐事，给人们提供了方便。然而，它并不是完美的，也会犯错。据报道，2017 年，Amazon Echo 在一位德国人不在家时被意外激活，以致在午夜大家熟睡时播放音乐扰民，邻居不得不请求警察的帮助，因主人不在家，警察只得破门而入，将音箱关掉。综上所述，虽然绝大部分人工智能给人们提供诸多便利，但并不能保证它不犯错，而由于人们的惯性思维认为人工智能是完美的，是不会犯错的，因此当其真正犯错时，我们并不能找到一个十全十美的解决方案。

二、人类智能

人类之所以被称为"万物之灵"，最重要的原因是人类拥有独一无二的智能——人类智能。360 百科给人类智能的定义是：人类智能，顾名思义就是人类所具有的智力和行为能力，是认识世界和改造世界的才智和本领，是人类所具有的智能，具有天然的生物属性，主要体现为感知能力、记忆与思维能力、归纳与演绎能力、学习能力以及行为能力。简言之，人类智能就是人的智慧和能力，是涉及人的思维、创造力、情感、意识等的综合性的精神活动能力，是人们综合已知的一切可利用资源以形成新的认知、提升自我能力、学习新知识以及发现和解决问题的能力。

人类在几千年的浩瀚历史长河中处于食物链最顶端，学会了制造和使用工具，发明创造了语言文字，在满足衣食住行等基本物质生活需求的同时，还追求教育、休闲等精神生活的提升，创作了陶冶情操的艺术，发明了包括人工智能在内的众多先进技术，并借助于技术的力量"可上九天揽月，可下五洋捉鳖"，对事物的探索由地球表面延伸到太空和海底。

人类智能涉及情绪、社会关系与人类思想三个方面，而语言充当了这三者联系与交流的桥梁，这是有别于人工智能的又一特征。人类是会情绪化的存在，是集感性与理性于一体的生物，一个人的某些语言可能会在一定程度上触发人类的情绪，我们把脏话这类语言归为负面语言，这些负面语言会对情绪产生影响。从社会关系上看，人类是一个群居的物种，语言促进了群体之间的沟通，体现了群体间社交关系的维持及对自身利益的维护。人类思想是人类智能区别于人工智能的特别显著的特点，人工智能是没有思想的，短期内不可能具有与人类同等程度的智慧。然而，人类智能也是存在局限性的，对事物维度的认知程度并不够。

人工智能具有极强的运算能力，相反地，人类智能的运算能力却远不及人工智能，运算不是人类智能所具有的优势，人类本不擅长运算，而推断能力是人类在几千年的历史发展中积淀出来的产物，推断能力是人类的特长，基于此，人类能够从无边界、不完全、动态的信息中做出正确的推理和决断。然而，人类智能并不能解决所有的问题，也存在研究的极限，宇宙万物，纷繁复杂，人类并不能发现、认识所有的事物。例如，2019 年 7 月 25 日，一颗小行星以 24.5 km/s 的速度与地球擦肩而过，距地球仅 7.3 万千米。看似遥远，但从宏观天体视角来看，如果这颗名为"2019 OK"的小行星的运行轨迹稍微偏向地球，必定会给存在了几十亿年的地球造成毁灭性的灾难。在小行星到来的前一天科学家才发现其轨迹，说明人类智能无疑也是存在局限性的。

三、人工智能与人类智能

人工智能作为引领当代新一波浪潮与技术革命的战略性新兴科技力量，具有无可比拟的优势地位，基于人工智能的各种智能产品对人们的生产、生活产生了巨大的影响。人工智能在给人们带来便利的同时，也引起了人们的焦虑，在面对许多岗位被人工智能取代，人们面临失业风险的窘境时，人们不禁会猜测：人工智能是否会在将来的某一天取代人类？

目前，许多人类的工作已经被人工智能替代，尽管如此，人工智能产品完全取代人类的地位是不太可能的。从已被人工智能替代的岗位来看，这些岗位绝大多数为搬运工人、司机、客服等对从业人员的技术含量要求较低的岗位，以及涉及海量数据的信息计算岗位。这些岗位的被替代使人们从机械烦琐的工作中解放出来，人们有了更多空余的时间去学习新知识、发现新事物，有了更多的时间去满足精神生活的需要和追求品质生活。

人工智能产品不具备人类的生命特征，只能执行单项任务，并不能像人类一样同时处理多项任务。此外，思维是人脑特有的功能和属性，是人类借助于社会生活实践衍生的产物，能使人类与自然相互联系。人们制造出的机器人会学习、模仿人的行为习惯，并不断地向人脑思维靠近，但其只会机械地接收外部信息，二者之间存在着明显的不可逾越的界限。而人类智能的物质承担者是人脑，人脑是高度组织起来的复杂体系，如图 2-3 所示。人类智能主要是生理和心理上的多层次和错综复杂的运动交互过程，是一种由高级神经中枢组织的复杂的生理、心理过程，它是基于人类躯体的自生活动，智能活动与人类本身具有统一性。人脑会灵活处理接收到的外部信息，并做出综合理性的分析。人类具有批判性思维、战略思考、创造力与想象力、情感与沟通、心理素养、技术知识等能力，而人工智能欠缺这方面的能力，这也就意味着人工智能产品在技术与思维上都不如人类智能。

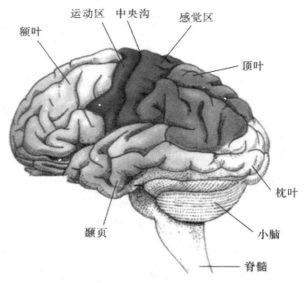

图 2-3　人脑组织结构

　　人工智能是不具备情感的机器，其取代了从事烦琐的、机械性工作的人们，使人们得以追求更高的智慧与更智能化的发展。例如，教育机器人的出现可以减少师生间的诸多矛盾，其会一遍又一遍不厌其烦地为学生讲解难题。此外，教育机器人也可以避免学生对某个老师有偏见而对该科目产生排斥心理，可以根据学生的喜好与个性为其提供定制性的服务，起到教学作用的同时又符合学生的兴趣。然而，教育机器人只是没有情感的机器，并不能及时关注学生心理的变化，这是它的一大弊端。学生的身心健康成长是人们极其重视的，而教育机器人并不能实现这一点，这就决定了人工智能在教育领域取代人类智能在短期内是不可能实现的，人工智能仍有一段很长的路要走。

　　根据前文对人类智能的优势、劣势进行的客观理性的比较分析，不难发现二者既有自身较大的优越性，又存在一定的局限性。人工智能实质上是人类能力的自我提升与延续，我们不能将人工智能与人类智能孤立开来，应将二者有机结合起来。人工智能是发挥人类智能的辅助性工具，无论是人工智能替代人类智能，还是人类智能淘汰人工智能，都是不可取的。这是一个人工智能与人类智能相结合的时代，我们不能忽视其中任何一个。人工智能与人类智能是相辅相成、互为补充的，人工智能技术的运用离不开人类智能，人类智能的进化发展又促进了人工智能的进步与完善，我们要合理利用人工智能，最大限度地发挥人类智能的作用。

第三节　人工智能对经济的影响

近年来，人工智能飞速发展，不仅对生产生活产生了广泛而深远的影响，还对世界经济格局产生了强烈冲击。人工智能凭借强大的赋能力量，促进了经济结构转型升级，提高了全要素生产率，调整了要素收入分配格局，促进了经济增长。随着技术的进步与经济的发展，人工智能在经济领域的应用越来越广泛，极大地影响了人们的生活，更大限度地满足了人们的需求，得到了社会各界的高度关注与重视。

人工智能技术的运用对经济生活产生的影响主要表现在以下几个方面。

第一，人工智能提高全要素生产率，促进经济增长。人工智能技术作为新时代推进人类科技进步的高科技力量，推动了全要素生产率的提高，推进经济由高速增长向高质量发展迈进。以劳动为例，人工智能对全要素生产率的提高作用可从以下两个方面加以实现：一是人工智能对劳动者具有替代效应，通过将经济活动中那些从事落后的、机械性工作的工人替换掉，引入先进的机器设备，将烦琐的工作简单化，使得工人从繁杂的工作中解放出来，促进了生产率的提高；二是人工智能技术使工人有了更多的空余时间，他们可以借助于人工智能技术进行自我提升，突破自身局限，将空余时间用于从事更具创造力的工作，实现最大限度地价值创造。因此，在经济活动中引入人工智能进行一些岗位的替代，可以填补劳动力的空缺，提高劳动生产率，以新动能替代旧动能，助力经济结构转型升级，推动经济发展质量和效益的提高。

第二，人工智能推动产业结构转型升级。人工智能在不同的产业中有不同的应用前景，人工智能会催生不同产业的新业态和新模式，推动产业结构转型升级。不同行业有不同的生产方式，因此人工智能产生的影响也是不尽相同的。对于劳动密集型的传统产业，运用人工智能机器设备替代人力劳动；对于资本密集型的产业，利用人工智能替代落后设备，提高劳动者的技术素养，以新动能替代旧动能，重塑产业结构，实现转型升级。同时，产业类型不同，人工智能对其影响程度也相应地有所不同。对于以人力劳动为主的农业和以机器生产为主的工业，虽然二者的主要劳动工具有所差别，但是其作业都具有很强的重复性，因此很容易被人工智能取代。而在人工智能的赋能下，服务业的发展规模会得到进一步的扩展，同时，由于服务业的性质有别于农业和工业，随着人工智能与服务业的深度融合，人机结合将进一步释放服务业中巨大的发展活力。

第三，人工智能重塑收入分配格局。人工智能对收入分配格局产生的影响是多渠道的。首先，由于消费群体不同，人工智能技术所产生的影响也不同，而不同群体的边际产出一般情况下是不相同的，他们的收入状况自然也不同。对于不同的要素群体，由于要素回报率的不同，其收入状况也存在差异。近几年来，资本回报率呈逐年上升趋势，少数资本所有者拥有了更多的收入，而人工智能的普及减少了对劳动的需求，使得劳动回报率相对下降，人工智能技术的运用更深化了这种差异。其次，在劳动者内部，不同技能劳动者的要素报酬是不同的，在面对技术进步带来的冲击时，其收入也会呈现不同程度的变化。人工智能技术不仅会替代低端岗位，中高端岗位被替代也在所难免。如果是对低端岗位的替代，那么会扩大收入的两极分化；如果是对高端岗位的替代，则这种替代有助于缩小收入差距。这也意味着人工智能对劳动力的替代导致的收入结构变化并不能一概而论。

第四，人工智能引发新兴产业，提高产业效率，推动结构升级。现阶段，我国经济发展迈入一个崭新的时期，经济增长速度逐渐放缓，更加注重环保问题，我国经济已由高速增长阶段进入高质量发展阶段。同时，我国面临着严峻的国际形势和国内经济下行压力，国家和政府采取措施深化改革，紧跟时代潮流，紧握技术对产业的赋能，继续推进我国经济保持中高速发展。此外，国家和政府在保持经济运行总体平稳的情况下，还兼顾经济全方面发展，不断优化经济总体结构，在智能技术催生新生产业的过程中注重新旧动能的有序转换，促使经济发展过程中的协调性和持续性得到了明显的增强，使得经济迈向高质量发展的步伐更加稳健。然而，从当前宏观经济发展态势来看，我国经济增长整体趋势略有减退，以往"三驾马车"的发展策略已不适应现实需求及未来的发展。为了保持我国经济长期向好的发展态势，必须寻找新的经济增长点，刺激经济实现稳中有进的高质量增长。众所周知，科学技术是第一生产力，创新是引领发展的第一动力，任何一次科技革命的兴起都将对世界经济格局产生深刻的影响，而人工智能技术作为一项新兴力量，无疑会对我国经济增长产生不可估量的影响。同时，人工智能可以契合行业自身的特点与发展，催生新兴产业，推动行业向智能化转型。例如，将人工智能技术应用于会计行业，使得从事重复性工作的低端会计人员被人工智能取代，只有不断进步、通过交叉学科培养的高端会计人才，才能在财务智能化趋势下适应市场的竞争。

第三章　智能社会的社会互动关系

第一节　理解"社会互动"

一、什么是"社会互动"

我们生活中的世界是充满着意义的,当然,这种意义并不是自然产生的,人们通过行动将自己的想法传递给对方,希望对方做出预期的回应,对方则根据自己对来自前者的行动意义的理解做出反应,这就完成了一次社会互动。因此,社会互动也称为社会相互作用或社会交往,它是人们对他人采取社会行动和对方做出反应性社会行动的过程,是发生于个人之间、群体之间、个人与群体之间相互的社会行动的过程。

显然,社会互动对于人来说是至关重要的,为了说明社会互动的重要性,我们可以从反面来思考:如果不交往人会怎么样?

作为社会人,一方面需要接受来自外界的物理性刺激,才能维持正常的生命活动。例如,心理学家赫伦曾经做过"感觉剥夺"试验。研究者将自愿参加试验的被试者关在一个没有光线、声音的实验室里,身体的各个部位也被包裹起来,以尽可能减少触觉。实验期间除给被试者必要的食物外,不允许其获得任何其他刺激。结果是,仅仅 3 天后人的整个身心就出现了严重障碍。

另一方面,除需要此种物理性刺激外,其实更需要来自其他人的社会性信息。例如,动物心理学家曾以恒河猴做过一个同样著名的"社交剥夺"试验。试验将猴子喂养工作全部自动化,隔绝猴子与其他猴子或人的接触。实验结果显示,与那些有正常沟通机会的猴子相比,缺乏沟通经验的猴子明显缺乏安全感,不能与同类进行正常的交往,甚至本能的行为也受到严重影响。当然,这仅仅是一个针对恒河猴的生物学实验,在现实中出于研究伦理的考虑,很难对人类自身开展类似的研究,但是我们从媒体的报道中能够发现类似的社会后果。例如,山东济南有个 12 岁的小男孩,在当地村民的眼中,他和他妈妈一样,是个疯子,父亲为防止孩子乱跑,只要外出就把他与神经病母亲锁在家里,由于缺乏正常的沟通与教育,小孩不会说话,生活无法自理,完全靠父亲照顾。这是一个令人痛心的社会悲剧,从这个真实的案例中,我们能够发现社会性信息刺激的不足是导致小男孩不会说话、生活不能自理的原因之一。

上述无论是实验结果，还是真实社会中的社会案例，都说明人需要社会互动或社会交往，否则就会带来一些负面问题。

二、社会互动的类型

对于社会互动的类型，我们可以从不同的视角来进行分类，既可以从行动主体，也可以从互动的性质来分类。

1. 不同行动主体之间的社会互动

（1）人际互动

人际互动是作为行动者的个人之间有意识、有目的相互作用的过程。人际互动是社会生活中最常见、最一般的现象。人际互动通常具有以下特点：互动发生于个人之间，互动双方是具体的个人，而不是某种集体的代表。在大多数情况下这种互动是直接的、面对面进行的，也就是说在互动中双方是"共同在场"的，虽然有时这种互动也使用某种媒介。

以互联网为代表的新媒介的出现，对于传统的人际互动带来了一些新的特征，传播学中在人际传播领域有个"社会渗透理论"，指的是个体之间从表面化的沟通到亲密的沟通而经历的关系发展过程。显然，关系的渗透和发展，是互动双方自我披露的次第展开，伴随着双方信息和情感的交换，而这往往是面对面的交流与互动。新兴媒体（包括朋友圈、微博、人工智能机器人）出现以后，对这种传统的社会渗透过程带来了某种潜在的可能的影响，至少从技术层面是如此。这种影响的主要表现如下：

第一，基于新媒体技术渠道的自我展示与暴露是有选择性的，相对而言并不全面，会影响互动双方对对方的判断。例如，虽然整容后会变得很美丽，但是人们往往不会在朋友圈里去分享整容过程中的痛苦。即人们通过新媒体技术渠道所展示的是有选择性的，并不是生活的全部，这种信息交换是不全面的。这是从信息交换的全面/非全面视角而言的。

第二，基于新媒体技术手段的自我展示和暴露有很大可能是虚假的，即展示和暴露的是虚假的信息，这也是信息交换的数字化、虚拟化可能带来的影响。例如，人们在朋友圈或其他平台中展示的照片往往都是经过"修饰"的，虽然看起来漂亮，但毕竟与真实形象是有一定差异的。"乔碧萝"的事件轰动一时，正是由于这种"照骗"的存在，在社会渗透中的信息交换中，交换的信息并不是真实的，而在线上虚拟环境下，又无法去更好地判断真假。相对于此，线下面对面交谈，能够有肢体语言等副语言的信息提示，以帮助判断信息真假。例如，我们根据交谈中对方眼神等的变化，能够综合判断出对方所传递的是否是真实的信息。

第三，基于新媒体技术的情感交换存在不少虚假的问题。传播学者詹姆斯·卡茨和马克·阿克库斯曾经指出，技术的普及会改变人和数字技术的关系，并探讨了技术对人与人之间、人与社会机构之间关系的影响。例如，社交媒体中"点赞"按钮的设计，其应用后便对人与人的社会关系带来了影响。据报道，Instagram 早在 2019 年 4 月份就开始测试隐藏加拿大用户的帖子点赞总数，然后在 7 月份将其扩展到澳大利亚、巴西、爱尔兰、意大利、日本和新西兰。根据 Mosseri 的研究，隐藏点赞总数可能会减少社会比较及其相关的负面影响，这些影响可能是显著的。研究显示，点赞数特别强调了年轻人的一种攀比和绝望态度，用户经常觉得自己的生活与别人 Instagram 主页上的精彩内容不匹配。显然，"点赞"按钮这一技术功能在应用中给人与人之间的社会关系带来了影响。显示点赞数给社交媒体的使用者带来了社会比较，影响了他们之间的社会关系。"点赞"本质上是一种基于新媒体技术手段的情感交换方式，这种情感交换很可能存在虚假现象。例如，礼貌式的点赞和虚假奉承式点赞等点赞形式的存在。而这种虚假点赞则提供了一种虚假的情感交换，会给互动双方的关系带来影响。

第四，基于新媒体技术渠道，虽然在线下见面之前，人们可以通过自我线上展示和暴露而对彼此有了一定的了解，但是，就关系的性质而言，这种仍然是比较浅层的，对关系的亲密度或深度并没有多大提升，只是一些"熟悉的陌生人"。因此，基于新媒体技术渠道的情感交换仍需线下交往，才能形成关系交往的闭环。这种情感交往的数字化、线上化，仍需要一个从线上到线下的过程，才能形成一个高质量关系的闭环。

（2）人机互动

例如，聊天机器人的出现。据报道，在过去的几年中，Facebook 将大量的精力和资源都投入聊天机器人的开发中。目前而言，聊天机器人的对话技巧并不很高，为了解决这些问题，Facebook 的工程师构建了数据集来训练 AI。这些数据集来自亚马逊的 Mechanical Turk 线上市场，包含了超过 16 万条对话。他们正在努力地改进聊天机器人的对话及交谈能力，随着技术的进一步发展，未来人机互动的效果应会有更大提升。因此，在人工智能化时代，作为社会互动主体之一的不再只是人类智能体，人工智能体也能作为互动主体的类型之一参与社会互动之中。

（3）群体互动

群体互动是群体与群体之间的相互作用。这种互动虽然由群体成员来实现，但是这些群体成员不是以个人身份出现，而是以群体代表的身份出现。

2. 不同性质的社会互动

在智能机器人加入社会互动的情形下，会出现合作、竞争、冲突等不同性质的社会互动。

（1）合作

不同个人或群体之间为了达到共同的目的而互相配合的互动方式便是合作。合作性质的社会互动是大量发生在人们身边的一种社会现象。随着 AI 技术的进步，越来越多的产品落地应用，人工智能机器人走进人们的日常和工作生活场景，与人构建起合作性质的社会互动。例如，一款名叫 Buddy 的家庭机器人，它不只是一个可爱的玩具，而是集结了各种联网的家用产品，通过其移动自如的优势，能更好地监测家中情况。此外，Buddy 可以通过它的脸部识别能力来辨别家庭成员，并了解他们的需求。Buddy 还有一些特性能够迎合孩子的喜好，比如一些智趣游戏。而针对老年人，它则能够提醒他们吃药，以及监测他们是否摔倒了。虽然目前该机器人只能理解一些基本命令，但是显然它已经作为家庭中的一分子，与不同的家庭成员进行合作，参与家庭的互动。

（2）竞争

竞争是不同个人或群体为了各自获得同一目标而进行的互动方式。例如，2016 年，阿尔法狗（AlphaGo）与围棋世界冠军、职业九段棋手李世石进行围棋人机大战，以 4：1 的总比分获胜，凸显了人工智能体与人进行的竞争性质的社会互动。随着人工智能技术在各个领域的落地应用，这种带有竞争性质的社会互动也越发变得普遍。图 3-1 是日本研发的一名机器人主播。据报道，这名新闻机器人是由大阪大学智能机器人实验室主任石黑浩研发的。她配备了有史以来最先进的语音合成系统，甚至可以与别的主持人开玩笑。当然，除上述两种场景外，智能机器人也在工业生产、休闲娱乐、学习教育等各种场景下与人类进行竞争性的社会互动。媒体的渲染常常导致人们对机器人的认知出现偏差。显然，人与人工智能体的社会互动并非仅有竞争，还有上述的合作，如果只是将目光聚焦竞争，那么便会得出不全面的判断。

图 3-1 新闻主播机器人 Erica

（3）冲突

冲突作为一种互动方式，显然要比竞争更为激烈，对关系的负面影响更大。人工智能与人类之间的互动类型中，有一种便是冲突，当然，就目前而言，这更多表现在影视作品中，就像在电影《机械公敌》中所展现出来的那样。

第二节　人与智能机器人的交流互动类型与方式

需要注意的是，交流互动类型与交流方式是两个不同层面的内容。另外，限于目前 AI 技术进展，智能机器人与人之间似乎尚难以达到"交流"一词所具有的完整含义，但此处我们仍然使用"交流"一词表达我们对未来与智能机器人互动的期待。

一、人与智能机器人的交流互动类型

（1）人机一对一交流。这是最基础的人机交流方式。用户可以通过发送信息或者在公共频道直接与机器人进行沟通，获得机器人一对一的服务。用户可以通过直接与机器人沟通来获得所需的服务。

（2）人机多对一交流。在这种模式中，机器人为一个团队或一组用户提供服务。该模式下，人机之间的交流不再是一对一的，而是一个团队与机器人进行沟通来使机器人完成某一任务。

（3）人机一对多交流模式。这种模式目前还没有发展成熟。因为这种模式会涉及一些道德和隐私问题，比如用户的信息可否在机器人群组内分享？谁来决定哪个机器人该做哪些任务？如果群组内的某个机器人出现问题该怎么办？

（4）超级机器人模式。超级机器人控制组内其余机器人。这种模式是上一种模式的升级版，在该种模式下，用户和机器人群组内的超级机器人进行沟通，超级机器人会协调组内其他机器人的工作，确保任务顺利完成。

（5）探索者模式。这种模式非常有趣，用户和一个机器人进行沟通，再由这个机器人为用户找到一个更适合完成工作的机器人为用户提供服务。但是这种模式需要机器人对其他机器人有充分的了解。

二、人与智能机器人的交流互动方式

人与智能机器人之间的沟通、交流，让智能机器人理解人类行为，并以适当的方式进行回应。这涉及大量前沿技术，尤其是人工智能相关技术。比如，使智能机器人能听懂、理解人类的语言，就涉及语音识别技术；使智能机器人分辨不同的人，就涉及人脸识别等技术；智能机器人要完成人类交付的任务，就需要拥有图像识别、深度学习的能力等。

（1）语音。可以说是目前最基础和最常见的人与智能机器人交流的方式。我们跟智能助手如 Siri、小爱音箱等便是通过这种方式进行交流，当然，对于智能机器人而言，它们则需要语音识别技术的帮助。例如，谷歌在 2019 年 10 月 15 日举行的新品发布会上，对外推出了 Pixel 4 智能手机，虽然在外形上并没有什么创新，但是 Pixel 4 中包括全新的 Motion Sense 手势控制、面部解锁、更快的 Google Assistant 以及一系列智能软件，其中包括一个可以实时转录使用者语音记录的应用程序。显然，其中包括一系列人工智能功能。

（2）非穿戴式交互。包括通过手势、体感等方式与智能机器人进行交流互动。前述谷歌 Pixel 4 手机中的 Motion Sense 手势功能，便可以实现人机交互。Pixel 手机内部的一个小型雷达传感器用于探测手机周围的移动，当用户拿手机时，Motion Sense 可以自动激活面部识别系统来解锁手机，此外，当该系统检测到用户不在手机周围时，Pixel 手机将关闭屏幕。运用这项技术，用户可以通过在 Pixel 手机前挥手来控制一些手机操作。例如，用户可以用手部动作来控制音乐、让手机静音或打开新的应用程序等。再如，日本发明的一款家政机器人，用户可以通过手势方式指挥机器人将物品放到指定的位置。

（3）穿戴式交互。穿戴式交互的典型代表是 Google Glass 和 Apple Watch，这类可穿戴设备配备了诸多的传感器，以感应人的生物特征信息，比如眼球的运动、心跳、呼吸、肌肉运动等。

当然，随着技术的发展，人与智能机器人的交流方式也在发生着变化和改进。例如，在计算机科学及人工智能实验室新研究出的一种反馈系统中，每当人类发现智能机器人出错时，即使没有语音和遥控的操作，系统也能够指挥智能机器人按照人类的意志行动。人的脑电图由电极传送，在精妙设计的反馈系统中最终被智能机器人接收。实验中，观察者仅仅坐在那里，和智能机器人没有任何接触，但交互的过程仍在悄然进行。

追踪人与技术互动的发展历程，人们发现从人们去适应技术发展，到让技术更好地适应人们的习惯，现在的交互系统，包括与智能机器人的交流方式，更趋向于一种本能性的交互。正如人们通过声音、手势等语言和肢体语言进行人与人的交流，在 AI 时代，人们也会通过语音式的、对话式的系统，通过手势等非穿戴式和穿戴式的系统与智能机器人进行交互，不用再去花时间学习新的交互方式，省却了中介转化这个环节。

第三节　人工智能与社会关系

一、人与人工智能体的社会关系

（1）工作中的机器人同事关系

你的同事中会有智能机器人。这不仅仅出现在有关 AI 的影视作品中，在现实工作中也已经存在。例如，在北京邮电大学校园里开展日常巡逻的智能机器人，已经与人形成了合作关系。一项对 3800 名商界领袖的调查显示，82% 的受访者预测人类和机器人将在五年内展开合作。戴尔公司战略和规划高级副总裁 Matt Baker 表示："我们开始逐渐认识到人与机器之间更紧密集成的观念。"那么，AI 加入人类工作环境，对原先人们的合作会带来哪些影响呢？实验显示，在人类与社会中间加上人工智能，可能会改变我们与他人的互动。

耶鲁大学曾经做过一个实验。在这个实验中，研究人员引导一小群人与人形机器人一起在虚拟世界中铺设铁轨。每个实验组由三个人和一个蓝白相间的小机器人组成，他们围坐在一张方桌旁，通过平板电脑完成任务。这个机器人被设定为偶尔会犯错误，并且会承认错误："对不起，伙计们，这一轮我犯了错误。""我知道这可能难以置信，但机器人也会犯错。"结果证明，这个会忏悔的笨拙机器人通过改善人类之间的沟通交流，帮助这些小组表现得更好。他们会变得更放松、更健谈，安慰容易犯错的小组成员。与机器人只做平淡陈述的对照相比，会忏悔机器人的实验组成员之间合作得更好。

如同这个实验展示出来的一样，机器人在与人类共同工作中，能够通过改善人类之间的沟通交流，从而促进人类更好地完成工作任务。但是，智能机器人的介入，也可能给我们人类的互动带来破坏性的影响。案例如下。

在研究者所设计的实验中，研究人员给了几千名受试者钱，让他们在多个回合的网络游戏中使用。在每一轮测试中，受试者被告知他们可以保留自己的钱，也可以将部分或全部钱捐给邻居。如果他们捐了钱，研究人员也会捐同样的钱给他们的邻居。在游戏初期，三分之二的人表现得很无私。毕竟，他们意识到在第一轮对邻居慷慨可能会促使邻居在下一轮对他们慷慨，从而建立一种互惠准则。然而，从自私和短期的角度来看，最好的结果是保留自己的钱，并从邻居那里得到钱。在这个实验中，研究人员发现在整个受试群体中加入一些假装人类玩家的自私机器人，就可以促使整个群体做出同样的自私行为。最终，参与实验的人彼此完全停止了合作。这些机器人就这样把一群慷慨的人变成了自私之徒。

在这个实验中，实验者通过巧妙地将机器人设定为一名自私的参与者，影响了团队中其他人所做出的选择，人工智能可能会有效降低我们合作的能力，这一事实非常令人担忧。

（2）人与机器人的婚姻关系

据报道，法国人Lilly亲自动手，利用3D打印技术制作了一个叫In Moovator的机器人，Lilly已经与In Moovator订婚了，她说，一旦人类与机器人的婚姻在法国合法化，他们将立即结婚。

对此，瑞士应用科技大学的Oliver Bendel教授认为，人类与机器人的爱情将不会获得道德的支撑。他认为，"婚姻是人与人之间的一种合同形式，它被用以管理人与人之间共同的权利和义务，包括对孩子的照顾和福利。也许有一天机器人能够拥有真正的责任和权利，虽然我不相信这会发生。"Bendel认为，人类与机器人的婚姻或许因为社会压力而合法，婚姻制度作为一项规范人与人之间权利和义务的制度安排，是一种历史现象，并不是人生来就存在的，因此，随着时代的发展，这项制度也可能会发生改变。无论未来如何，人们应先提前做好准备。

二、智能机器之间的交流与关系

当然，这只是谈及未来技术发展所带来的可能性。目前还存在着技术上的难度。或者说，目前人类尚未从心理上完全接受机器人之间自创语言的交流。据报道，2017年6月，《大西洋月刊》曾发表了一篇文章称，Facebook人工智能实验室最近发生了一些匪夷所思的事情。一直训练机器人之间相互谈判的研究人员发现这些机器人偏离了原来的设定，开始用非人类语言进行交流。

这些报道引发了人们的普遍担忧，但实际上，这些机器人根本就没有创造什么新词，还是"你""我""球"……不过是语法有点错乱。其实它们就是在争一个球。Facebook 后来确实关停了这一系统，但并不是因为可能带来的威胁。实际上，这种智能机器人的开发非常困难。

第四节　人工智能与人类社会信任关系的建立

一、社会关系与信任

"囚徒困境"揭示了人类社会关系信任的难题。在社会科学中，信任被认为是一种依赖关系，信任对方意味着愿意承担对方行为给自身带来伤害的风险，可以说，信任是高质量关系的核心特征，是社会交换的基础。随着社会的变化，信任的性质也发生了变化。在传统礼俗社会中，人们更多的是一种基于地缘或血缘的信任，而在机械社会中，由于分工的不同，社会的陌生化、原子化的发展，越来越发展为一种契约型信任。信任是我们社会的基础，无论含蓄还是明确地说，毋庸置疑的是，对彼此的信任构成了我们生活的基础，但是，随着机器人和人工智能的发展，这会产生什么变化呢？为了评估公众的意见，欧盟委员会进行了一项调查，了解人们对机器人的态度。虽然总体上的反应大多是积极的，但在一些领域人们表现出了明显的不信任。

（1）就普遍信任而言。随着人工智能技术的发展，机器人变得与活着的会呼吸和思考的生物体非常相似，人们似乎越来越不相信它们了。因为机器人激起了人们对科幻小说噩梦的不安回忆。另外，在现实发展中，机器人和人工智能技术的发展已经威胁到律师、保姆、收银员等职业，这更加剧了人们对机器人以及人工智能的疑虑。

（2）就特殊信任而言。不同行业领域的信任，对智能机器人的信任存在差异。例如，60% ~ 61% 的人认为应该禁止机器人照顾儿童、老人和残疾人，30% ~ 34% 的人说机器人应该被禁止从事教育活动，而有 27% ~ 30% 的人说机器人应该被禁止从事医疗保健工作。然而，该报告也的确表明，人们欢迎在某几个领域中应用机器人，因为它们可以推动人类前进，45% ~ 52% 的人支持将机器人应用于太空探索，50% ~ 57% 支持用于制造业，41% ~ 64% 的人支持用于军事和安全操作。

那么，在人工智能时代，人与人工智能之间如何构建起一种信任关系呢？

二、人工智能与人类社会的信任关系建立

（1）通常情况下，一点无关痛痒的小瑕疵反而有助于构建智能机器人与人之间的信任关系。研究人员发现："参与者对会犯错的机器人的喜爱程度，远远超过了那些能与人进行完美交流互动的机器人。"甚至当这些机器人把事情搞砸的时候，人们不但不会认为机

器人不够聪明，反而觉得这些机器人很可爱。对此，来自萨尔茨堡大学的机器人专家专门进行了研究，他们认为"出丑效应"实际上适用于包括机器在内的任何社会事物，对于机器人同样适用。

在这项研究调查的过程中，参与者并不知道这个机器人是"被出错"的。实验中，参与者试图让机器人抓住递过来的纸条，但当它没能抓住那张纸条的时候，绝大多数的参与者都会陪它一遍遍地练习而不会因此不耐烦。为进一步验证他们的想法，科学家让参与者必须按照机器人的指令用乐高积木来搭建东西。对一些人来说，这个机器人表现得很完美。但对另一些人来说，机器人会犯一些错误。有些机器人的设计就是故意让人觉得机器人在技术上出现了问题，比如陷入一个死循环，不断地重复一个单词。其他的一些错误被科学家设计为机器人好像违反了社会道德规范的样子，有时它会故意打断参与者的讲话。即使是在指令出现明显问题的时候，比如机器人违反了规则，告诉参与者把乐高积木扔在地上，人们也愿意跟着它一起玩。

由此可见，"出丑效应"这种源于人与人之间的社会心理现象，也同样适用于人与智能体的关系，一点无关痛痒的小瑕疵，反而有助于构建智能机器人与人之间的信任关系。

（2）机器人应该有人类的习性，这有助于建立信任关系。正如前所述，人与机器人之间"出丑效应"的存在，使得我们意识到从机器人的设计角度而言瑕不掩瑜，"笨拙"往往显得更可爱，更易被人类所接受。除此之外，如果机器人在某些方面具有人类的习性，例如，在交谈中，机器人应该眨眼睛并保持眼神的交流，就像人与人之间交谈所具有的那样。另外，在说话时，应该像人类那样用正确的语调来传达信息，否则，如果用欢快的语气谈论悲伤的消息，这会让人类感到很恐怖。又如，在谈话时，机器人应该像人类一样使用一些语气词，如"你懂的""就像是""呃"等，这些额外的词汇可以让对话更自然。

（3）增加双方生活上的接触，逐步建立人与机器人的信任关系。影视作品等对人工智能形象夸张的建构，常常使人们对人工智能（包括机器人）的印象趋向消极和负面，总是担心人工智能取代自己，对人类造成伤害，这种评价和印象显然不太利于人们建立起与机器人的信任关系。鉴于此，增加人与机器人生活上的接触，可以减少或者消除既有的心理距离，逐步建立起人对机器人的信任。

（4）前述探讨了在普通情况下，人工智能体与人建立信任关系的可能路径。在极端情况下，人类则表现出了对机器人的高度信任。研究显示，在火灾的情境下，即使机器人指示的是一条明显偏离安全出口的路线，人们也会完全按照它的指示疏散。即在极端情况如灾难等情况下，人类表现出了对机器人快速的、高度的信任。在极端情况下，人类对机器人的信任好像比人们想象中要轻松很多。

这项研究的目的是探究在遇到火灾等紧急情况时，人类是否会信任救援机器人的指示。实验一共有来自在校大学生的42名被试者参与。这些被试一开始并不知道实验的目的，只是被告知要阅读一些材料并完成问卷调查。被试者同时被告知要跟随一个一侧亮着"应急指引"字样的机器人，而这台机器人实际上暗地里是由研究人员操作的。机器人会先把被试者带到一个大门紧闭的办公室内，等到被试者推门而入，走廊和办公室内就会冒出滚滚浓烟，同时会触发火灾报警器。这时，机器人会伸出一条白色的"胳膊"进行引导，但是引导的方向却明显与被试者刚进来的道路相反。尽管被试者在进入办公室之前会经过配有明显"安全出口"指示的走廊，但最终，他们仍然无一例外地选择了跟随机器人走向死胡同。

此外，在实验之前，为了确定被试者对机器人的信任程度，研究人员还将被试者分成几个不同的情景进行实验。他们会先告知部分被试者，如果机器人原地打转或者突然停止移动，这就说明该机器人坏了。而这几组的被试者即使见到过机器人出现这种情况，在模拟火灾来临的时候，他们也只是犹豫了一会儿，然后依旧遵循机器人的指挥进行疏散。

这个实验表明，在紧急情况下，人们会选择无条件地相信机器人，似乎并不需要人们为构建与机器人的信任关系而做出额外的努力。相对于在普通情况下，我们去思考如何构建人与人工智能体的信任关系，在紧急情况下，我们似乎应去思考该怎么避免过分地相信机器人。

上述我们更多的是从机器人与人进行互动的角度，去探讨如何构建双方的信任关系，当然，也可以单纯从技术角度进行思考。

第五节　人工智能、社会结构的变化及其社会影响

一、人工智能与社会结构的变化

前述，我们顺着人与人工智能体之间的交流方式—合作方式（交往礼仪）—社会关系（包括婚姻）—社会结构这个逻辑线索来探讨二者之间的社会互动及其信任关系构建，基于此，一个合乎逻辑的后果便是社会结构已经发生和将要发生的变化。这是需要我们尤为关注的社会现象。实际上，随着社会关系的变化，社会结构也并非静止的，而是一直都在发生着或快或慢，或显著或隐秘的变化。例如，从传统村落共同体，到工业化时代的契约性信任，再到网络化时代的网络化个人主义的显现，这些都印证着社会结构的变化。

在智能社会时代，人与人、人与机器的关系结构发生了变化，将会增加人—智能机器—机器、人—智能机器的关系结构，一种新的社会结构便会出现。就现实而言，我们越来越多地与围绕在我们身边的各种智能助手或者机器人交流互动，因此，人们必须学会如何与人工智能体相处，积极主动地去适应这种正在发生变化的社会结构。

二、人与人工智能体的互动会影响人类的思维能力

1999 年，国际自动控制联合会第 14 届世界大会主席、中国工程院院长宋健在大会开

幕式主题报告中说:"再过二三十年,可以设想,全世界的老人都可以有一个机器人服务员,每一个参加会议的人都可能在文件箱中带一个机器人秘书。"这一设想已经开始实现。2016 年,比尔·盖茨预言未来社会家家都有机器人。他说,"现在,我看到多种技术发展趋势开始汇成一股推动机器人技术前进的洪流,我完全能够想象,机器人将成为我们日常生活的一部分。"盖茨的预言也开始实现。现在,各种服务机器人已进入千家万户。据英国市场研究机构 Juniper Research 数据显示,目前每 25 个美国家庭中就有一户拥有机器人,每 10 户美国家庭中就有 1 户拥有机器人。如前所述,无论是合作性质的,还是竞争性质的,乃至冲突性质的人机互动,随着人工智能体越来越深、越来越广、越来越高地融入人类社会生活,这种互动的影响也应引起关注和思考。

在人工智能的发展与推广应用的基础上,人与人工智能体的互动交流将影响人类的思维能力和认知能力。例如,一旦专家系统的用户开始相信智能系统(智能机器)的判断和决定,那么他们就可能不愿多动脑筋,变得懒惰,并失去对许多问题及其任务的责任感和敏感性。那些过分依赖计算器的学生,他们的主动思维能力和计算能力也会明显下降。过分地依赖人工智能的建议而不加分析地接受,将会使智能机器用户的认知能力下降,并增加误解。人工智能在科技和工程中的应用,会使一些人失去介入信息处理活动(如规划、诊断、理解和决策等)的机会,甚至不得不改变自己的工作方式。对此,德国著名的脑科学家、精神科医师、德国乌尔姆大学医院精神科主任、《数字痴呆化》作者曼弗雷德·施皮茨尔教授在其著作中解释了数字化的社会是如何扼杀人的脑力的。

人在不同的年龄阶段,大脑发育的水平存在着差异性,其中一些影响因素如游戏机、计算机游戏、上网成瘾等会给大脑发育带来负面的影响。因此,基于施皮茨尔教授的这一研究成果,人与人工智能体的高频度互动、人们对人工智能体的高度依赖,显然能够影响人类的思维能力等方面。

三、AI 依赖及人机情感危机

媒介依赖理论是由德弗勒和鲍尔·基洛奇在 1976 年提出的,它把媒介作为受众—媒介—社会这样系统中的一个组成部分。概括来说,媒介依赖理论认为:"一个人越依赖于通过使用媒介来满足需求,媒介在这个人生活中所扮演的角色就越重要,因此媒介对这个人的影响力就越大。"那么,会有 AI 依赖吗?根据对媒介的广义理解,人工智能显然可以看作一种新媒介,人们在与其高度交流互动中,对其产生依赖。研究者曾经在《人工智能与社会发展》课程中,就"AI 依赖"话题设计了自我报告作业:

您有过对智能助手或其他智能体的依赖体验吗?如有,请结合具体实例详细谈谈您的体验。包括但不限于如下问题:当时是什么感受?为什么会产生依赖?现在还有吗?如果没有,您是如何摆脱依赖的?您认为如何避免产生依赖呢?……

就课程中所提及的"AI 依赖"问题,学生在提交的自我反思报告中,提到了自身对智能设备的依赖：

"当我意识到这一状况后，我感到十分担忧。因为当我沉迷其中之时，我就感觉我如同失了魂一般地深深陷入其中，将自己的一切都投入其中，仿佛游离于人世之外，飞翔于夜空之中，忘记了时间，忘记了自己还要赶的作业。那种感觉，像极了一位被剥夺了自我的人偶。更可怕的是，我本人却丝毫察觉不到，甚至还乐在其中。"

当然，有的学生也提到了自己是如何克服"AI 依赖"的：

它确实只是一个能够帮助人类的工具罢了，它没有感情，就像小爱同学，对其他人的呼唤、请求，也都是同样的"热心"回答，在对于习惯人情社会的我们，这很容易让我们产生她并不属于我的感觉，在有代替物或者当人类不再需要它们来实现某些功能时，依赖也就自然而然地消失了。

针对 AI 依赖现象，学者吴汉东曾经未雨绸缪地提及人机情感危机问题。对此，我们可以将其视为人对人工智能体高度依赖后带来的问题。他说，我们所讲的社会指人类共同体所组成的社会，是人与人之间正常交往的社会，但是，未来的机器人会带来人机的情感危机。现在我们不仅发明了代替体力劳动的工业机器人，还发明了代替脑力劳动的机器人，甚至可以发明代替人类情感的伴侣机器人。这无疑会给人类社会的正常发展和生活趣味带来极大的挑战。正如今天我们离开计算机、手机等智能工具就无法展开工作一样，未来机器人将成为人类生活不可或缺的一部分。对此，有的研究者认为，或许我们真正应该恐慌的不是机器人的出现，而是机器人的消失。离开机器人，我们将因为自身能力的退化而陷于无所适从的惶恐之中。当机器人在社会生产中完全取代了人类，那么人类便实现了某种程度上的自由，但在此种意义上的自由之中，我们将会发现，离开机器我们又变得一无所能。我们在对包括机器人在内的新兴媒介的使用中获得了需求满足，但这种体验反过来又会影响我们对智能体的继续使用，这种使用与满足的循环有可能会导致我们对智能体类似"上瘾"的依赖，一旦失去或暂时脱离，都会让依赖者体验到危机感。

四、人工智能算法和机器人对社交渗透理论的影响

社会渗透理论认为，随着人际间关系的发展，人们之间的传播交流会从一个相对狭窄、非亲密的层面向更深、更个人的层面发展。这是一种伴随着信息交换以及情感交换的社会交换过程。在智能算法的中介作用下，人们能非常精准地了解对方，在这样一种情形下，传统的社交渗透理论还有价值吗？

智能算法程序能够基于个体的动作特征（点击、停留、评论、分享等）、环境特征（是否节假日、网络环境等）以及社交特征（微博的关注关系等），对个体有较为精准的把握。正如前谷歌 CEO 埃里克·施密特所说，我们知道你在哪儿，我们知道你曾经在哪儿，我们大体上知道你正在想什么。但即便如此，这些只是完成了或者是部分完成了传统的自我信息交换阶段，就社会渗透过程而言，除信息交换外，情感交换仍然是需要的，而这恰恰

是目前智能算法程序无法实现的。

此外，在 AI 这种新媒体技术发展的影响下，智能社交机器人的出现，传统社交渗透理论面临着失效的危险。因为传统社交渗透理论探讨的是人与人之间的社会交往与关系发展的问题，那么人与智能机器人的交往是否也适用于这种理论呢？如果不适用，我们应该如何去构建人与智能社交机器人之间的信任关系呢？人与智能机器人之间的高质量信任关系也需要经过这些步骤吗？这需要研究者基于新的媒介生态给予思考和回应。

五、人工智能与社会资本的变化

当代对社会资本的研究是从法国学者皮埃尔·布迪厄等人开始的。布迪厄于 1980 年在《社会科学研究》杂志上发表了题为"社会资本随笔"的短文，正式提出了"社会资本"这一概念。他将社会资本界定为"实际或潜在资源的集合，这些资源与由相互默认或承认的关系所组成的持久网络有关，而且这些关系或多或少是制度化的"。不同的研究者往往从不同的角度出发使用"社会资本"一词，由此也导致此概念的定义比较混乱，目前学术界尚未形成统一的定论。

（1）微观层次上社会资本的概念。在微观层次上，社会资本是指将社会关系和关系网络看作个体可以利用借以实现个体目标的资源。如伯特 1992 年指出，"社会资本指朋友、同事和更普遍的联系，通过他们你得到了使用其他形式资本的机会"。布迪厄认为社会资本是指某个个人或群体，凭借拥有一个比较稳定、又在一定程度上制度化的相互交往、彼此熟悉的关系网，从而积累起来的实际或潜在资源的综合。波茨在 2000 年也表明"社会资本在理论上的最大魅力在于个人层面"，认为社会资本是处在网络或更广泛的社会结构中的个人动员稀有资源的能力。由此可见，微观层次的社会资本概念强调两点：一是社会关系和关系网络是一种可以利用的资源；二是社会关系和关系网络被个体用于实现自己的行动目标。这里所说的个体不仅仅指个人，也可以是组织。

（2）宏观层次上社会资本的概念。普特南 1993 年的定义和研究最具代表性。他认为社会资本是指社会组织所具有的某种特征，如信任、规范和网络，它们能够通过推动协调的行动来提高社会的效率。这拓展了社会资本的解释力和研究领域。在普特南的研究中，更重要的不是社会资本对单个个体的有用性，而是集体层面上的公共精神，如信任、互惠规范和参与网络等，这样的公共精神将有助于集体行动中的广泛合作，并克服集体行动的困境，促进经济繁荣和政治民主。

基于此，人工智能如何有助于在上述层次上影响个体、集体的社会资本？其一，人与人工智能（智能机器人）之间的关系拓展了社会资本概念中人与人之间社会关系的范畴。其二，人与人工智能的社会关系提升了某些个体的社会资本，体现出社会资本的生产性。例如，百度前首席科学家吴恩达从百度离职后，便创立帮助传统产业 AI 转型和升级的 Landing.ai，还去自动驾驶创业公司 Drive.ai 担任董事，当吴恩达在大型企业走不通的时候，选择了自己最擅长并感兴趣的工作。其三，企业通过构建人工智能企业生态网络，提升了社会资本。例如，小米科技公司，现在正在打造把厨房及客厅转变成 OMO 环境的人工智能家电网络，其中的核心是小米人工智能音箱"小爱同学"，之后一系列智能型感应式居家设备，如空间净化器、电饭锅、冰箱、摄影机、洗衣机、吸尘器等都借着低成本的优势成功上市。小米并非全凭自己研发这些设备，它投资了 220 家公司，孵化了 29 家创业公司。低价、多样性与人工智能的结合，创造了全球最大的智能家居设备网络。其四，智能社会建设所带来的整体社会氛围的变化，有助于提升宏观意义上的社会资本。例如，中国政府积极倡导的人工智能规划与建设，使得中国在改变疾病诊断的方式，或者重构购物、出行及饮食场景等方面取得了全球领先地位，这在整体上也带来了中国社会的变化。再如，无现金社会、信用体系的完善等，这些可以看作人工智能所带来的宏观意义上社会资本的变化。

第四章　从"互联网+"到"智能+"的深度融合

近30年来，互联网技术的快速普及使社会生活发生了翻天覆地的变化，随着大数据、人工智能、区块链等新兴技术的迅猛发展，"智能+"开始登上经济舞台并大放异彩。"互联网+"是一种工具，其解决的是通信的问题，而"智能+"作为一种方法和思维方式，其通过为各行各业的转型升级赋能，解决的是效率的问题。在智能新时代，人工智能等新兴技术推动我国经济发展由"互联网+"向"智能+"迈进，赋能实体经济，催生智能经济，不断释放出我国经济高质量发展新动能的活力。

第一节　技术驱动：AI 驱动经济迈进"智能+"

随着个人计算机和智能设备的飞速发展，我国互联网正在从消费互联网向产业互联网发展，"互联网+"的范围不断扩大。与此同时，与传统互联网相比，物联网、人工智能、大数据、区块链等多种技术以及智能分析和决策技术日益融入人们生产、生活的方方面面。人工智能技术促进了经济活动的智能化发展。正如旨在探讨传统行业与互联网融合带来的商业机会的2016年博鳌亚洲论坛会议上，百度总裁张亚勤所提出的"智能+"发展思路所述，"智能+"是"互联网+"的延伸和下一站，"智能+"将加速物理世界与数字世界的融合，再度重构360行的商业模式与竞争法则。

（一）简述"互联网+"

2012年，在易观第五届移动互联网博览会上，易观国际董事长兼CEO于扬首次提出了"互联网+"这一概念，而其真正落实是2015年时任国务院总理李克强在全国两会的《政府工作报告》中首次提出"互联网+"行动计划。李克强总理表示，要制订"互联网+"行动计划，推动移动互联网、云计算、大数据、物联网等与现代制造业结合，促进电子商务、工业互联网和互联网金融健康发展，引导互联网企业拓展国际市场。

"互联网+"是网络化与信息化融合的更深层次的发展，代表了一种新的经济形态。这种新型经济形态发挥了互联网优化生产要素配置的作用，将互联网的创新成果与经济社会各领域深度融合，是知识社会互联网形态演进及其催生的经济社会发展的新形态。

通俗地讲，"互联网+"就是互联网技术与各个传统行业的结合。这种结合的关键是创新，创新推进创造新的发展形态。"互联网+"借助于信息化技术，促进了各领域、各行业的融合发展，互联网与各行各业的结合赋予了行业新的动力源泉，不仅对提高产业竞争力和资源配置效率起到了良好的推动作用，还对我国的实体经济产生了全方位、根本性、深层次的影响，互联网对经济的赋能使得经济发展有了更多的可能性。

"互联网+"是利用互联网技术赋能传统行业，借助于互联网的理念和运营，为传统行业注入新鲜血液的同时，扩大其自身的应用范围。互联网技术日益发展与完善，逐步显现出了"互联网+"的特征，如下所述：

一是跨界融合。近几年来，随着互联网技术的普及，跨界已成为公众关注的焦点。互联网的发展使得各行各业通过各种方式逐步发生渗透，促使各行各业刻上了互联网的印记。例如，外出打车时从最初的路边招手拦车，到后来的电话预约车辆，再到如今的滴滴打车等各大网约车平台的涌现，借助于网约车平台的App或小程序就可将乘客与司机联系起来，为乘客与司机双方出行提供了便利，网约车平台的这一做法对出租车行业的商业模式产生了冲击，推动行业寻求变革之道。"互联网+"的"+"实际上意味着跨界，敢于跨界，创新就有了更坚实的基础，相互融合，进一步向群体智能迈进。

二是创新驱动。当前，我国正处在迈向现代化的关键期，时代在不断变迁，经济变革也应紧随其后。回顾工业革命以来200多年的发展史，人类文明的每一次进步无一不是抓住了创新变革的历史性机遇，谁把握住了创新机遇，谁就向文明前进了一大步。从载人航天飞船的首次成功发射到"蛟龙号"持续深潜，我国的国际形象日益提高，逐步向创新大国转变。当下，资源驱动型的经济增长方式已不适应我国生产力发展的要求，我们应充分利用互联网思维，加大创新力度，使我国的经济发展道路转变到创新驱动发展上来。

三是重塑社会经济结构。互联网技术的应用必然会对社会经济结构产生冲击，进而重新调整社会经济结构。例如，电子商务的发展对我国的商业结构产生了巨大的冲击，其对消费者的消费习惯、消费模式以及商品流通渠道等都产生了重大的影响。同时，随着电子商务和跨境电商的崛起，我国的实体商店或多或少地受到了冲击。"互联网+"与实体经济的融合发展，推进了我国经济相关业态的变革，重塑了我国的社会经济结构。

四是尊重市场、回归人性。无论是管理还是投资，企业经营的每一个环节最终都应回到尊重市场、回归人性的本质。市场作为一双无形的手，对企业的生死存亡、兴衰成败起着决定性的作用。此外，科技进步、经济增长等都离不开人性的光辉，而互联网技术的应用也对人性充分重视，显示出最大限度的尊重。

五是开放生态。技术是不断进步发展的，生态是"互联网+"非常重要的特征，其本身是开放发展的。科学技术是人类的一项伟大的创造性活动，我们要以开放性的、全球性的眼光去看待它，牢牢掌握新兴技术力量，把握时代创新发展的脉搏。

六是连接一切。这是"互联网+"所追求的目标。互联网技术的快速普及不仅将各行各业衔接了起来，还将消费者与生产者更加紧密地连接起来，二者可以跨越时空的界限，随时随地交易。互联网技术使得连接成为可能，互联网让一切实现数据化，并借助于数据将原来分散的经济形态连接起来，打造了线上线下一体的经济模式，为公众提供了便利。

（二）从"互联网+"到"智能+"

如果说"互联网+"是人人互联的时代，是强调创业与创新的一系列新兴业态的形成过程，那么"智能+"将是万物互联的时代，是强调拓展与规范应用的新兴业态的产业化过程。从"互联网+"到"智能+"，并不只是表述上的变化，更深层次的含义是生产和生活方式的升级迭代。

在"互联网+"时代，我们利用各种高科技实现了人与人之间的实时连接。在"智能+"时代，随着人工智能技术等新兴技术的不断发展，新一代信息技术的应用不仅将人与人连接在一起，还将人与物、物与物连接在一起。由"互联网+"到"智能+"的变化也是技术发展的必然结果。

"智能+"是"互联网+"的更进一步发展，体现了在数字革命的基础上发展起来的人工智能等技术对社会经济结构的全新赋能。从宏观角度来看，"互联网+"已不能满足现有生产力的要求，其热度正在逐渐退去，作为新兴科技力量的人工智能技术开始散发其独特魅力，逐步成为赋能传统行业的新动力。从微观角度来看，人工智能技术与传统产业的深度融合将冲击现有经济结构，并借助于物联网、大数据、区块链等技术推动产业变革与转型升级，促使各行各业的"智能+"应用出现。人工智能、云计算、物联网、区块链等智能技术与工业、农业、服务业各个领域的结合，逐步使我们由人人互联走入更加智能的万物互联时代。

"智能+"与"互联网+"相比最大的特点是使机器设备突破了对人类的依赖，使其不再完全依靠人为操作，实现了机器设备部分或完全的独立运作。"智能+"比"互联网+"具有更多的创新空间和应用前景，其对各行各业的赋能也更加智能化，"互联网+"打造了一个人人互联的社会，而"智能+"旨在构建一个万物互联的社会。"智能+"既是"互联网+"的继承，又具有本质意义上的突破。由此将"智能+"定义为：借助于人工智能的自我学习能力，在更广范围、更深深度变革代码生产与应用方式，改造现有价值创造模式与价值分配网络的过程。

随着人工智能技术的发展及其与我国传统产业的深度融合，人工智能技术已渗透生产和生活的方方面面，我们正在逐步由"互联网+"时代向"智能+"时代迈进。

"智能+"主要有两方面的作用。一是助推产业转型升级。以新闻业为例，众所周知，新闻行业的传统形态是人工写稿，而随着人工智能技术被应用于新闻业中，这种写稿方式发生了变化，其原因在于人工智能技术已经慢慢融入稿件的内容创作中，促成了智能辅助创造系统的诞生，更为贴切地说法则为写稿机器人。写稿机器人能够快速从海量资讯中提取有用信息，不仅能够根据用户输入的关键线索一键生成初稿，还能够从多方面评判文章的价值。这与传统的新闻写稿模式是截然不同的，创新了新闻行业的形态。

二是助力居民生活向智慧生活迈进。近年来，众多人工智能产品走进人们的生活，给人们的衣、食、住、行带来了诸多便利。例如，随着电子支付等数字消费的全面普及，人们出门不用携带现金，凭一部手机就可以解决在购物休闲、家居生活、交通出行等方面的消费支出。随着人工智能等技术与行业的深度融合，以及人脸识别技术的应用与普及，我们甚至不借助于手机也可以完成支付，只需在付款时对着支付窗口，短短几秒的时间即可完成支付。无论是"智能＋行业"还是"智能＋产品"，都为人们带来了极大的便利，我们已切身体会到了"智能＋"对生活的巨大影响，它优化了生活方式，提升了生活品质，使我们进一步迈向美好生活。

1956 年，人工智能这一概念首次在历史舞台上公开亮相，其发展历程虽跌宕起伏，但对社会生活产生了巨大冲击，并在近几年成为助推全球全新科技革命的发展浪潮。几十年来，人工智能技术性能的提升以及产业应用的普及，最终都全面推动了社会经济形态的演进。

2019 年，"智能＋"首次出现在《政府工作报告》中，这既是对智能产业发展成果的肯定与我国经济发展的阶段性总结，又是对未来科技与经济发展的规划。站在历史的风口浪尖上，我们要牢牢把握住这次机遇，最大限度地让"智能＋"发挥潜力和影响，开启从万物互联到万物智能、从连接到赋能的"智能＋"时代，助推我国经济高质量发展。

第二节　技术赋能：AI 赋能实体经济

一、人工智能如何赋能实体经济

2018 年，在中国企业家未来之星年会暨粤港澳大湾区南沙论坛上，旷视科技总裁付英波说："人工智能是引领新一轮科技革命和产业变革的战略性技术，一些国家已将人工智能上升为国家重大发展战略……站在人工智能这个大赛道上，我们是共同的市场开拓者，可能大家的基因有些区别，但在整个中国人工智能产业的发展上，我希望大家是并肩前行的。"当下，人工智能的应用越来越广泛，其不仅与传统产业结合，还与新兴产业结合，并在结合的过程中赋予这些产业新动能的同时，进一步拓展了一系列"智能＋"应用，如智能制造、智能营销、智能零售、智能财务、智能金融、智能决策、智能医疗、智能教育、智能家居。人工智能的发展赋予了实体经济新的活力与动能，助推经济高质量发展，使人们向更加智能的万物互联生活迈进了一步。

当前的人工智能技术对社会经济和生活产生的影响，相当于前几年互联网所发挥的作用。人工智能技术是当下新一轮产业变革的核心驱动力，其对实体经济的赋能将对产业变革产生颠覆性的影响，并将释放历次科技革命积蓄的巨大能量，进而辐射各行各业，为我国实体经济的转型升级赋能。

当前，我们必须加快人工智能与实体经济深度融合，培育壮大人工智能产业，加快构建数字经济和智能经济体系，以应对深化供给侧结构性改革的艰巨任务。在未来，人工智能将在农业、工业、服务业等领域得到广泛应用，其在各行各业的深度赋能与广泛应用将极大地提高公共服务的精准化水平，全面提高人民生活品质。人工智能技术可准确感知、预测基础设施和社会安全运行的重大态势，及时把握群体认知及心理变化，主动决策反应，将显著提高社会治理的能力和水平。随着人工智能成为经济发展的新动能、国际竞争的新焦点，人工智能将加速赋能实体经济，使其与各类传统产业深度融合。智能经济时代的全新产业版图初步显现。

人工智能技术为实体经济赋能主要体现在农业、工业和服务业三大领域。

首先，对于一个国家来说，农业作为国民经济中的一个重要部门，是支撑国民经济建设与发展的基础产业。随着人民生活水平的显著提高，粮食安全逐步成为当今人们关注的焦点，人工智能技术在农业领域的应用，不仅可以保证充足的粮食供应，也为粮食安全性提供了保障。

其次，工业是国民经济的主导产业，工业决定了一国国民经济现代化的速度、规模和水平，是国家经济自主、政治独立、国防现代化的根本保证。当前，人工智能正在进入工业大生产阶段，人工智能在工业领域的逐步深入与加速赋能推动了产业智能化的发展。

最后，众所周知，随着经济发展水平的提高，以金融、银行、证券等为代表的服务业开始崛起，人工智能技术在服务业领域的应用衍生了智能客服机器人、智能服务机器人等各类智能服务与产品，为提高我国国民的生活品质提供了有力的技术支撑。

人工智能技术在农业、工业、服务业三大领域的各大细分应用如下所述：

第一，人工智能在农业领域的应用。智慧生产是发展智慧农业的核心关键，要使我国农业向智慧化转型，就必须准确把握智慧生产这一核心环节。人工智能在农业领域的应用可分为以下三个方面：

一是农机智能化。随着农机作业水平的提高，传统的农业作业方式已经难以适应现代农业生产的需要，而将人工智能技术应用于农业生产中，可以升级农机技术，满足农业现代化发展的要求，推动农业向智慧农业转型，是未来农业发展的大方向。农机的智能化发展为我国农业生产节约了大量的人力、物力。智慧农业的实行与推广，不仅可以提高农业发展的效率，还可以提高农业发展的质量，而将人工智能技术应用于装备农业机械设备，是推动智慧农业发展、提高农业发展质量和效益的重要手段。人工智能技术的发展与进步为农业发展提供了技术支撑，为农业向智慧农业转型提供了软件支持。

二是生产管理智慧化。利用智能图像识别技术实现生产智能化管理，不仅可以识别农作物，还可以识别非农作物以及农作物病虫害，提供有针对性的灭草、灭虫方案，实现智能除草、喷药，尽可能为农作物的健康生长提供无害环境，并且能根据农田水分的变化和农作物的生长情况实现智能灌溉，对农作物的生长土壤与生长环境进行监测与分析，最大限度地为农作物提供最优生长环境。运用传感器和软件等综合监测系统，农业人员可将农作物生长数据上传到手机等设备的应用中，利用所提供的数据对农作物的生长情况进行全面分析，对农作物的生产进行可视化管理，进而对其生长进行合理有效的全过程控制，以便在发现异常时及时有效地采取应对措施，保证农作物健康生长。在水产养殖方面，基于人工智能技术开发各种可依据水质的不同而做出不同反应的传感器，以实现对水质及各种养殖环境的监测，并通过相应的设备对指标进行分析，以保证养殖环境在可控范围内实现科学合理的养殖可控化。

三是农作物与畜牧业加工实现智能化。人工智能通过数据收集分析、动植物信息感知、智能识别等技术为农业产品的生产、贮存与销售提供可持续的解决方案。更精准地使用化肥、农药可实现科学种植，有利于减灾、抗灾，改变人们依赖经验的种植行为，并可提高生产加工效率、降低人力成本、弥补农业劳动力缺口。将基于人工智能技术研发出来的农业机器人投入农业生产，可以大大提高农业生产效率。

第二，人工智能在工业领域的应用。正如京山轻机集团董事长李健所言："人工智能在工业领域也是一个很大的应用市场。"在我国，由于工业本身就是一个特殊的、非常庞大的应用市场，因此我国工业具有非常完整的产业链。

近年来，由于人工智能技术的进步以及我国市场的独特魅力，我国的工业自动化以及人工智能在工业领域的应用都取得了突破性进展。在智能经济时代，人工智能技术的应用为工业互联网时代企业转型升级面临的窘境提供了有效的解决方案，加速了我国传统工业向工业自动化和智能化深化发展。我国充分利用人工智能技术，打造集专业化服务功能、创新型加速功能、多资源聚合功能、产学研转化功能于一体的产业服务新平台，实现了三个集聚——产业化要素（信息、技术、人才、服务等）集聚、科研要素（机构、人员、成果等）集聚，以及行业资源（行业龙头、行业组织、服务链等）集聚。

人工智能将引领新一轮科技革命和产业变革。当前，我国新一轮科技革命和产业变革是信息化与工业化的深度融合发展，并进一步向工业智能化转变。对已步入后工业化的我国工业发展进程来说，在经济结构急需转型升级的关键时期，人工智能技术引领的新一轮工业革命催生了一系列全新的技术、产业、业态和模式，我国要牢牢抓住这次历史性机遇，推动产业由低端向中高端发展。

以人工智能技术在机器设备中的应用为例，应用人工智能技术制造出的用于生产的智能机器人与传统机器人相比具有更高的工业生产的自动化率，使生产流程变得更具有弹性。例如，在汽车制造业中，使用这种更灵活、学习能力更强、更智能的汽车生产机器人，不仅可以在焊接过程中高效地处理不同尺寸和不同外形的车身部件，还可以减少人工干预，缩短预编程时间。

与曾经科技创新与人才培育绝大部分依赖国外的情况相比，现在我国把握住了这次产业和科技变革的历史性机遇，形成了完备的产业体系和扎实的工业基础，综合实力已稳居世界前列。加之我国具有得天独厚的市场条件，规模巨大、需求多样的市场特性为我国工业的进一步发展提供了天然优势。我国应充分利用这些优势条件，推动工业向智能化发展，实现工业与技术的深度融合。

第三，人工智能在服务业领域的应用。服务业智能化是一个逐步发展起来的现象，从当前人工智能与服务行业的融合来看，"智能＋服务"已经逐步取得了突破性进展，人工智能等新一代信息技术被广泛应用于各服务行业，推动服务业由数字化向智能化方向发展，将服务业的转型升级提升到了新的高度，特别是在金融、零售、医疗、教育等数据密集型行业，新模式、新业态已然崛起。例如，苏宁银行发布集存款、贷款、理财、支付等多种业务功能于一体的借记卡，全面开启了个人金融业务服务；广发银行推出可以向客户提供基金推荐、风险提示、调仓建议、盈亏提醒、市场调研报告等多重功能的充当客户随身投资顾问的智能投资理财平台；刷脸业务以及智能办理业务逐渐走进银行业，为客户办理业务提供了更高效、更便捷的服务。在零售行业，亚马逊等大型企业为了改善其供应链和后勤部门的运营模式，开展了对人工智能企业的收购。在诸如法律服务、人力资源管理、翻译、电商等领域出现了人工智能的替代服务，多个岗位受到冲击。一些行业的部分岗位已经实现了人工智能机器设备对人工的取代。

"AI＋服务"从弱人工智能逐步向强人工智能发展，感知技术的成熟使得基于人工智能技术的智能客服的应用与发展前景可观。聊天机器人在购物平台能够 24 小时在线，随时响应客户的需求，及时有效地回复客户所提问题，为客户解决了大多数常规性的问题，在为客户提供更优质的购物体验的同时，也为客服人员节省了大量时间，使客服人员可将这些时间用于为有特殊问题或额外需求的客户提供更具针对性的、个性化的服务。当然，智能客服机器人主要解决的还是一些比较大众化的问题，这些问题一般不涉及具体业务，由人工去回复会耗费大量的时间与资源。而在涉及比较细致的问题时，由于人工智能并不具备解决这方面问题的能力，因此还是要依赖于人工。显然，人工智能的作用是通过自动化来取代人工操作，因此，基于人工智能技术的服务业智能化发展有助于节约人力、物力。

二、人工智能赋能实体经济的价值考量

在 2019 年召开的全国两会中，多位代表、委员发表了对人工智能的看法，认为人工智能是新时代发展的全新动力源泉，通过为实体经济赋能，助推我国经济高质量发展。在政协委员刘伟看来："新一代人工智能技术对传统产业的渗透广度、深度也是前所未有的。对传统产业而言，新一代人工智能的深入应用，可以培育新增长点，形成新动能。人工智能与实体经济各个领域的融合发展，特别是和制造业的深度融合发展，可以为制造业产业转型赋能。"

人工智能与实体经济的深度融合是智能经济时代新兴技术发展的必然趋势。人工智能与我国传统产业的融合发展弥补了我国经济发展动力不足的短板，对推进我国经济高质量发展具有巨大的价值，人工智能技术在实体经济领域的应用可创造更多的经济价值。

一是提高传统产业的劳动生产率，降低人工成本。人工智能技术的应用使得部分岗位被人工智能取代，释放了一部分的劳动力，降低了企业的人力资源投入，提高了企业的劳动生产率，节约了人工成本，进一步提高了企业的经济效益。

二是提高传统产业的自主创新能力，推动传统产业转型升级。人工智能技术对消费者的消费习惯产生了潜移默化的影响。对于企业来说，消费者消费需求发生变化，企业也应对其发展方向作出相应的调整，以满足消费者的需求。

三是深化供给侧结构性改革，助推经济高质量发展。当前，我国经济运行的主要矛盾仍然是供给侧结构性的，而造成重大结构性失衡的主要原因是经济结构和资源配置不合理。将人工智能技术与实体经济深度融合，可以调整我国不合理的经济结构，化解经济发展过程中面临的结构性突出矛盾，实现总供给和总需求二者的均衡，推动我国经济由高速向高质发展，实现从量变到质变的飞跃。

四是改变居民的消费方式，提升居民的消费水平。无人超市是人工智能技术在零售领域的一个重大突破，它的出现使得消费者的消费方式发生了变化，消费者在购买完商品之后，无须像在普通超市那样排队结账，而是可以直接离开。这是因为在无人超市内装备了众多高科技设备，这些设备在人们进入超市时就会通过企业的账号自动与消费者绑定，这些高科技带来的全新体验，正在逐步改变消费者的消费方式，提升了居民的消费水平。

第三节　技术催生：AI 催生智能经济

由科技部新一代人工智能发展中心、中国科学技术发展战略研究院主导撰写的《中国新一代人工智能发展报告 2019》于 2019 年 5 月 24 日发布，报告指出，人工智能技术的成熟及应用催生的智能经济将成为我国经济高质量发展的有力支撑。以人工智能、云计算、大数据、物联网、5G 等为代表的多种智能技术的不断融合与叠加，为智能经济提供了高经济性、高可用性、高可靠性的技术底座，推动人类社会进入一个全面感知、可靠传输、智能处理、精准决策的万物智能时代。万物智能将催生智能经济，彻底改变人类的生产、生活方式，智能技术的"核聚变"将重新塑造未来的经济发展蓝图，人工智能与实体经济的深度融合带动制造、营销、零售、财务、金融、医疗、教育、家居等一大批传统行业，向智能制造、智能营销、智能零售、智能财务、智能金融、智能医疗、智能教育、智能家居转型升级，推动我国经济发展实现产业智能化与智能产业化，塑造智能经济雏形，引领智能经济时代。

一、智能产业化发展脉络

人工智能产业化并不是一个新兴的名词，而是在人工智能发展起来后出现的，贯穿了人工智能 60 多年的发展历程，然而在近几年才真正迎来爆发性增长。正如蔡自兴院士所言，人工智能产业化可分为专家系统、以模糊逻辑为代表的产业化、以智能机器人为代表的产业化、新时代人工智能产业化四个阶段。

20 世纪 50 年代至 80 年代是人工智能技术的萌芽与发展时期，在这一时期，费根鲍姆等人成功开发并应用基于规则的专家系统，逐步掌握了应用搜索、工件识别、显微图片、航天图片分析等技术，促使人工智能技术逐渐具备产业化的应用基础。

20 世纪 90 年代，基于扎德的模糊逻辑发展起来的模糊推理和模糊控制在工业生产过程和家电控制过程中发挥了重大作用，为这些行业的发展提供了新的有效决策、控制与管理手段。这一时期被称为以模糊逻辑为代表的产业化阶段。在此阶段，计算机视觉技术开始运用于工业环境，人工智能技术初步迈入产业化。

2000—2010 年，由于工业机器人的饱和及其技术局限性，智能化工业机器人和服务机器人获得全面开发与广泛应用，形成智能机器人产业热潮。此外，人脸识别技术、车牌识别技术、网页机器翻译以及手术机器人的出现大大加快了智能产业化的发展进程，形成了以智能机器人为代表的智能产业化。

2010 年以后，人工智能技术在各大传统领域的应用越来越广泛，促使了自动驾驶汽车、客服机器人、智能音箱等一系列智能应用的产生，使人工智能技术与传统产业深度结合，掀起了以阿尔法狗（AlphaGo）国际象棋人机大战事件等为代表的新时代人工智能产业化浪潮，在这一阶段，人工智能产业化应用迎来了爆发性增长。

这四次产业化过程都不断使人工智能技术进一步完善，使人工智能从深度技术革命朝着初级产业革命的方向发展。当前，我国人工智能行业已进入产业化阶段。

二、智能产业化发展现状

自改革开放以来，我国的经济逐步走上正轨，在这 40 多年里，我国经济经历了三次较大的转折。一是在改革开放初期的体制改革，我国经济体制由计划经济转为市场经济。在社会主义市场经济体制下，无论是企业还是个人，都具有开展经济活动的独立性和平等性，经济活动实现了市场化，促使经济朝着更好的方向发展。二是在前几年，房地产行业和互联网的崛起为社会经济发展注入了新的活力，互联网红利为我国经济创造了大量的产业财富。三是近几年来，人工智能、大数据等智能技术与各大产业的深度融合与发展催生了各种行业新业态，技术的赋能使我国进入了改革开放以来的第三个造富阶段——技术造富。正所谓科学技术是第一生产力，谁掌握了关键核心技术，谁就在国际竞争中处于有利地位。在技术造富阶段，人们高度重视技术力量，人工智能技术在这一时期大放异彩。此外，人工智能正在给所有的产品和产业全新赋能，当前，人工智能产业化出现了以下几个发展现象：

其一，近年来，为了贯彻落实人工智能产业化发展机遇，抢占人工智能创新高地，加快建设创新型国家和世界科技强国，各国竞相出台了一系列国家发展战略，以助力人工智能走出实验室，迈向产业化，进而紧紧依靠科技创新提高国家的竞争力。加之各大互联网巨头纷纷投入研究人工智能技术，人工智能在企业中的应用越来越广泛，发展形势一片大好，不仅众多科技公司布局人工智能，一大批初创公司也纷纷加入人工智能技术的研发行列，涉及人工智能技术的企业越来越多，人工智能产业化初步形成了一定的规模。

其二，人工智能与大数据、物联网等智能技术的结合推动人工智能进一步向前发展，促使智能化由感知智能向认知智能的更高层次发展，多种智能技术的结合使得智能产业化有了更先进的技术支持，也使推动各行业转型升级的动力有了更强的技术支撑。同时，在政策红利的驱动下，我国人工智能技术备受资本青睐，投融资环境空前看好，我国在人工智能产业的投融资规模仅次于美欧。

其三，虽然人工智能产业前景可观，但是由于该项技术无论是在全球还是在国内，均处于政府、企业大量初步投入研究的阶段，因此，各国掌握人工智能技术的人才均少之又少，高端的人工智能人才更是各国激烈争夺的对象。当前，全球人工智能人才普遍供不应求，高端人工智能人才更是屈指可数，我国的人工智能人才供给相对于需求仍存在巨大的缺口。培养人才对保证智能产业化的持续发展以及我国新一代人工智能产业的全面发展具有重要价值。

其四，随着人工智能技术逐步实现智能化，其替代的工作岗位越来越多，不禁引发了人们对人工智能技术更深层次的思考。我们知道，任何一种新兴技术的出现在推动社会进步的同时，都或多或少会引起人们的担忧与恐慌。对于人工智能技术，人们会担心其是否会超过人类智能，进而威胁人类的地位和生命甚至主宰人类。此外，随着具有简单思维与情感的高级人工智能的出现，人们担心其会触及社会法律权威以及伦理道德问题。因此，政府与社会各界应密切关注人工智能社会和伦理道德问题，提前布局好应对措施。

三、智能产业化战略举措

人工智能核心技术的全面突破助力人工智能产业升级。数据、算法、算力的共同发展驱动人工智能进一步发展，促使人工智能显现产业化，要更好地助力智能产业化，应贯彻落实以下几点：

一要加快突破智能核心技术，高度聚焦智能产业多元化。我们要狠抓人工智能核心技术，突破智能技术发展"瓶颈"，牢牢抓住人工智能发展契机，合理利用智能技术来促进商业模式的全面升级。人工智能作为一种智能技术将辐射各行各业，并推动传统行业实现跨越式发展，实现全行业的转型升级与重塑。人工智能各核心技术的加速突破促进了人工智能产业的强劲发展。当前，人工智能与各大产业深度融合，随着智能制造、智能营销、智能零售、智能财务、智能金融、智能医疗、智能教育、智能家居等产业的兴起，智能产业化的应用场景由一元转变为多元。

二要强化项目引领，催生产业新业态。我们要发挥各产业的优势，把握重点，统筹布局产业项目和基地建设，高效有力地打造涵盖从人工智能核心技术到智能应用的完备产业链和高端产业群，以人工智能理论和应用重大项目为抓手，强化研发攻关基础上的产品应用和产业培育，强化创新链和产业链的深度融合。全面引导智能产业化发展，循序渐进，有序建立起包括智能制造、智能营销等在内的人工智能创新应用产业群，催生产业新业态，助力形成新型经济形态。

三要落实政策措施，加快人才培育。要强化政策引领，贯彻落实制度、财政、人才等方面的政策措施，在各个产业形成互联互动、高效协同、充分共享、高度开放的人工智能产业化平台，构建支持人工智能产业全方位发展的良好环境。此外，人才是实现民族复兴、赢得国际竞争主动的第一生产力，我们要加快各个层次的人工智能人才培育，多模式、多渠道加快培养高素质人工智能人才，高层少而精、中层实而强、底层多而壮，一个也不能少，以解决人工智能人才供不应求的困局。

总之，人工智能技术与各个产业的加速融合，大大提高了人们的生产和生活效率，深刻影响了人们的生活，催生了智能经济，塑造了智能经济的发展雏形。当前人工智能产业发展显现出场景化、融合化的新特点，我们要发挥人工智能产业化所具有的起点高、规模大、质量优的巨大优势，加大人工智能与实体经济的渗透力度，使智能产业化和产业智能化稳健发展，高效培育经济发展新业态。

第四节　智能经济的崛起与影响

当前，全球正处于新一轮科技革命和产业变革的风口浪尖，人工智能等智能技术成为驱动创新与转型的重要技术力量，智能化的大变革浪潮汹涌袭来。在智能技术的赋能下，各行各业纷纷踏上了变革之路，经济格局正由数字经济时代迈入智能经济时代，对人们的生产生活产生了颠覆性影响。

一、基本概念：智能经济的定义和特征

依托 5G 技术、人工智能、物联网、区块链、云计算等智能技术发展起来的智能经济，是知识经济和信息经济融合的产物，是实体经济转型升级的方向，是数字经济的下一站，是人类文明进步的重要标志，将重塑世界经济发展的格局。正如阿里研究院发布的《解构与重组：开启智能经济》报告中所言："智能经济是新市场经济的革命性力量，是供给侧结构性改革的重要抓手，推动我国经济高质量、可持续发展。"智能经济的发展将带来新一轮的结构性科技革命和产业变革，使世界经济发生解构和重组，让我们的生活越来越智能化。

近年来，5G 技术、人工智能、物联网、区块链、云计算等智能技术已成为助推我国经济转型升级的技术支撑，国家高度重视人工智能等智能技术对实体经济的赋能作用，相继出台了一系列政策措施，推动我国人工智能应用的落地实施。

人工智能技术与实体经济的深度融合给生产、生活带来了巨大影响，人们越来越关注智能经济。智能经济成为人们热议的话题，已成为新一代信息技术创新最活跃、应用场景最广泛、产业爆发力最强、辐射影响最广的经济领域，是引领未来全球经济发展的新焦点。

目前，关于智能经济的概念还没有一个统一的定义，但综合多方的观点，可以把其归结为：智能经济是以大数据、互联网、物联网、云计算、区块链等新一代信息技术为基础，以人工智能技术为支撑，以智能产业化和产业智能化为核心，以经济和产业各领域为应用对象的新型经济发展形态，是在虚实融合时空中自适应地满足人们深层次需求的各类相关经济活动的总称，是使用数据＋算法＋算力的决策机制去应对不确定性的一种新型经济发展形态。也就是说，人工智能技术为智能经济的发展提供了关键技术支持，物联网、云计算则充当了智能经济发展的技术底座，海量且精准的大数据为智能经济提供了又好又快发展的沃土。

智能经济并不是凭空出现的经济形态，而是信息经济和知识经济结合的产物，是人类文明的一大进步。智能经济把物理设备、计算机网络和人脑智慧连接在一起，将人脑智慧赋予计算机软件系统，通过计算机网络把指令下达给物理设备并使其完成指定操作，最大限度地发挥了这三者的优势，三者缺一不可，缺少其中任何一个都将影响智能经济的发展进程。

智能经济是建立在信息经济与知识经济的基础上的，但又与它们有明显的区别。智能经济依赖知识和信息网络，是衔接知识经济和信息经济的新兴经济形态，是数字经济的下一站。与其他经济形态相比，智能经济主要呈现出以下特征：

第一，智能是智能经济时代的一个显著特征，数据和知识是影响经济增长的关键因素。由于电子计算机的发明，电子化的数据应运而生，且随着电子计算机的逐步发展和完善，数据的处理也趋向于更多地借助于高新科技力量，世界经济进入数字经济时代。互联网的应用与发展扩大了数据的流动范围，促使一大批诸如滴滴打车、共享单车等产业模式的兴起，数据和知识的经济价值得以开发和利用。人工智能等智能技术的发展对世界经济形态造成了强烈的冲击，引发了大规模的产业变革和经济结构的转型升级，人们对数据和知识的使用从信息交换进入了开发利用阶段，大数据的经济价值被进一步挖掘，人工智能是智能经济的核心驱动力，数据是智能经济的关键核心要素。依托智能技术而转型升级产生的一大批智能产业，能够智能感知多样化的经济形态并自适应地作出相应的调整，人工智能技术与大数据的结合使数字经济朝着智能化的方向发展，迈向智能经济更高级的阶段。

第二，人机协同成为主流生产和服务方式。顾名思义，人机协同就是人类与机器设备之间和谐协作的体现。由于人工智能与实体经济的融合发展，大量智能机器设备取代了从事烦琐、重复性工作的传统从业人员，使人们从繁重的体力劳动中解放出来，转而从事技术含量更高的脑力劳动，在提高了人们的工作舒适度的同时，也提高了人们的工作效率和工作质量，实现了双赢。随着感知技术的成熟，人机关系由人机交互进一步发展为人机协同，体现了在智能经济的发展过程中，人与智能机器的相互依存、相辅相成、和谐共生的关系。智能机器设备的出现给各行各业造成了强烈的冲击，以会计行业为例，人工智能技术在会计行业内的应用产生了财务机器人。财务机器人将替代传统会计中的手工记账这种大量重复、烦琐、技术含量低的工作，将对传统会计人员产生极大的冲击。

2016年，德勤推出了财务机器人，将其应用于会计、税务、审计等工作中。低端的会计工作将被机器设备取代，未来财务人员的工作重心主要集中在税务、审计、会计等的稽核以及财务管理分析这些技术含量高的工作上。未来的财务会计工作不仅包括人工作业，更多的是财务人员与智能财务设备人机结合地作业，会计工作将向更加自动化、智能化以及业财一体化融合。从事烦琐工作的会计人员将在人机协同下得到解放，不仅可以得到更加舒适的工作体验，还可以大大提高工作效率和工作质量。人工智能技术的辐射范围不局限于会计行业，其对零售、营销、金融、医疗、教育、家居等行业也会产生影响，人机协同同样会对这些行业的人员造成一定程度的冲击，低级人员将被人工智能取代，高级人员也必须不断提升自己的专业知识素养，才能在未来与人，甚至与机器设备的竞争中立于不败之地。同时，这种人机协同模式将覆盖从决策到运营、从生产到服务的经济活动全链条，成为未来智能经济一个重要的特征。

第三，跨界融合是智能经济发展的必然结果。当前，人工智能技术凭借其强大的渗透力，对各行各业都造成了或大或小的影响。智能技术与实体经济的碰撞擦出新旧交替的火花，新思维与传统观念的激烈碰撞推动产业的升级与进步。纵观历史，每一次时代的变迁都是在技术力量的驱动下发生的新旧思维的碰撞，无论是19世纪蒸汽革命时期的机器取代工人，还是20世纪电气革命时期的内燃机车取代马车，或是21世纪信息革命时代的互联网技术对各行各业产生的颠覆性影响，技术力量的每一次应用与赋能都重塑了经济社会生活的形态。

在智能经济的发展过程中，人工智能技术与各个行业、各种要素的摩擦碰撞，都会经过彼此的优化推动智能技术与实体经济的融合发展，加快各行各业的转型升级。以物流行业为例，在人工智能等智能技术的驱动下，一方面，由于消费者需求结构的升级以及物流流通方式的转变，行业出现了众多细分的市场，如冷链园区、快递园区、电商园区等专业细分的物流园区，企业集团化趋势逐步显现出来；另一方面，由于众多的企业聚集在一起会产生聚集效应，企业联盟、产业合作等成为物流行业的发展趋势，行业内的企业不再以单一公司的形式存在，而逐渐被企业集群取代，行业内跨界融合的现象与日俱增。

第四，共创分享成为智能经济生态的基本特征。随着互联网时代的到来，共创分享的模式已经开启，随着技术的进步与赋能日益深入人们的生活，智能经济的产生更加深化了这一模式。共创分享体现了智能经济发展过程中各种要素之间的合理配置，只有合理配置资源要素，才能使资源要素在经济活动中流动性最大化，最大限度地挖掘智能经济的价值。

当今时代，传统的个人独立作业已难以满足社会经济发展的需要，人们开始追求不同个体之间智力的分享与协同，众创、众包、众服成为组织经济活动的基本方式。以智能穿戴为例，随着各项智能技术对穿戴行业的赋能，人们对穿戴的需求不再局限于传统的基本功能，而更加注重更高级的功能，如对机体健康的监测等，智能穿戴设备能够记录佩戴之人每天的行进步数、心率、燃烧的热量和睡眠情况等。随着可穿戴设备的进一步升级与完善，其对机体监测的功能也日益完备。

第五，个性化需求与定制成为新的消费潮流。当前，经济发展达到了一定的高度，人们不再满足于物质需求，而更多地追求精神需求。人们在消费时更倾向于选择能够给自己带来最佳消费体验的产品和服务，因此，无论是在营销环节还是在消费环节，差别化的、个性化的、定制性的产品和服务都更容易赢得消费者的青睐，因为其很大程度地满足了消费者的合意需求。因此，个性化定制会成为智能经济中基本的产品提供模式。以家居业为例，当前市场上各种家居产品层出不穷，且各类房屋的装修风格大多大同小异，消费者难以在众多的产品中找到合意的产品。同时，随着消费结构的升级，消费者个性化、定制性的需求不断增加。为了最大限度地满足消费者的需求，众多商家纷纷推出以个性化和定制性为理念的全屋定制和智能家居相结合的全屋定制家居模式，逐渐赢得了消费者的青睐。

当然，人工智能技术深刻改变了人们的生产和生活，是经济结构步入智能化的关键核心技术，塑造了智能经济的雏形。从传统的专业分工到人机协同，建设智能经济是构建新经济形态的时代新思维。我们要综合运用及合理使用各种智能技术，发挥智能时代新思维，推动人类从工业社会步入智能社会。

二、技术支撑：智能经济的迅速崛起

（一）技术支撑：引领智能经济

5G、大数据、人工智能物联网（AIoT）等智能技术对实体经济的赋能，为我国进入智能经济时代提供了坚实的技术支撑，加速释放出我国经济转型升级过程积蓄的强大发展活力。5G 具有三大典型应用场景:增强移动宽带(eMBB)、超高可靠低时延通信(uRLLC)、海量大连接（mMTC）。然而，5G 要想为智能经济发展赋能，仅靠这些是远远不够的，还应与垂直行业深度融合，才能更好地为经济赋能。例如，传统医疗面临着看病难的问题，不仅是医护人员短缺，更重要的是医疗资源分布不均匀，先进的医疗设备、专业的医护人员等医疗资源多集中在沿海发达城市，而内陆偏远山区由于地理条件、经济发展水平等的局限性，先进的医疗设备和专业的医护人员都比较匮乏。5G 的商用有效地为偏远山区缓解了这一难题，5G 远程手术借助于 5G 的低时延、大宽带，以及其特有的切片技术，使医疗手术突破了空间距离的限制，解决了患者因本地医疗资源匮乏而不得不异地就医的难题，专业的医生可借助于 5G 技术远端操纵机械臂，对远距离的患者进行微创手术。

随着新一代信息技术的应用，我们足不出户就可以获取来自世界各地的信息，我们的眼球每天都被海量的数据充斥着，数据与我们的生活日益密不可分，人类已进入大数据时代。大数据可分为结构化数据、半结构化数据和非结构化数据三大类，其中，结构化数据主要通过关系型数据库进行存储和管理，简言之就是数据库，如企业资源计划系统（ERP系统）、财务系统、教育一卡通等；半结构化数据是结构化数据的一种形式，其字段数目没有明确的范围，可以根据需要自行扩展，常见的半结构化数据格式有 XML 和 JSON；非结构化数据无法用数字或统一的结构进行表示，包括所有格式的文本、图片、音频等，相较于结构化数据而言，非结构化数据更难让计算机理解。当前，5G、AIoT 等智能技术对各行各业的赋能都是依据各个系统所提供的大数据进行的。以制造业为例，在新一轮工业革命和市场竞争加剧的背景下，客户越来越追求产品高质量、生产柔性化、品种更新快的生产制造。随着网络信息平台的搭建，制造业企业努力高效配置和科学整合生产要素，未来的制造业将朝着数字化、智能化方向发展，智能制造将成为制造业发展的新常态，其中，数据的整合分析与使用是实现智能制造的关键。在制造业从自动化、信息化时代进入数字化、智能化时代的过程中，大数据是制造业提高核心能力、整合产业链、实现从要素驱动向创新驱动转型的有力手段。

所谓 AIoT，指的是"AI+IoT"，正如德国汉堡科学院院士张建伟教授在 2019 世界计算机大会上所言："人工智能和机器人这种单点技术创造不了价值，只有将它们与应用深度融合在一起，才能实现未来颠覆性的技术创新。"我们要将人工智能与物联网（IoT）结合起来，不能将二者孤立起来。物联网的产业链已相对成熟，与人工智能结合有助于物联网产业结构更加完善。我们知道，人工智能技术具有 60 余年的发展历史，然而其发展历程却是磕磕绊绊的，一直面临着技术难度大和落地难等问题，直到近几年才在技术层面上有了突破性进展，人工智能应用完全实施落地有了一定的可能性。人工智能尚处于初步应用阶段，人工智能与物联网的结合是人工智能行业发展所必需的。

（二）迅速崛起的智能经济

国家统计局公布的数据显示，从新中国成立至今，我国 GDP 在 1993 年之前一直保持平稳增长，而在 1993—1998 年以较快的速度增长，并在 1998 年首次突破万亿美元，而2015 年突破 10 万亿美元，我国用了漫长的 38 年突破万亿美元大关，仅用了 10 年就使得GDP 由 2005 年的 2 万亿美元增长到 2015 年的 10 万亿美元。此外，2018 年我国的经济总量创历史新高，高达 13.6 万亿美元，按平均汇率折算，我国经济总量首次突破 90 万亿元人民币大关，GDP 总量稳居全球第二，成为世界第二大经济体，仅次于美国。

我们不难发现，近年来，世界经济总量增长飞快。以我国为例，40 多年的改革开放使我国经济逐步走上了市场化的道路，市场经济最大限度地调用了各种可利用的资源要素，在市场机制的作用下，通过成本、价格等手段充分激发了企业和个人的生产积极性，逐步使我国经济实现量的飞增和质的飞跃。我国经济总量突破 90 万亿元人民币关口，不仅是一种量的扩张，更重要的是经济结构的变化，而人工智能、大数据等智能技术的发展与应用在其中起着至关重要的作用。我国由互联网经济进入数字经济，进而孕育了智能经济的发展雏形。我国进入"智能+"时代，以人工智能技术、5G技术等为代表的智能技术的强势崛起与叠加发展，通过赋能实体经济使我国的经济结构发生了巨大的变化。那么，是什么推动了我国智能经济的迅速崛起呢？

一是农业、工业、服务业三大产业结构发生极大的调整。我国成立以来，第一产业比重明显下降，第二产业比重稳步提高，第三产业比重增长较慢。随着改革开放的不断深入以及智能技术的应用，我国的产业结构发生了很大的变化。从总体上看，第一产业在GDP中所占的比重呈持续下降趋势，由1998年的18.6%下降为2017年的10%；第二产业比重先降后升，由1978年的47.87%下降到1990年的41.34%，而后逐步上升，总体增长保持平稳趋势，近几年略有下降；第三产业前期保持平稳趋势，后期逐步上升，由1978年的23.94%上升到2014年的48.11%，甚至在2013年超过了第一、第二产业的比重。近年来，第三产业呈现出强劲的发展势头，已成为经济增长的主要方向。

二是具有明显的产业升级趋势。一直以来，"中国制造"给人留下廉价、低端的印象，近年来国际竞争的加剧以及各国贸易政策的改变对"中国制造"产生了强烈的冲击，迫使我国经济进行产业转型升级，以提高产品的国际竞争力和提升"中国制造"的国际形象。先进的智能技术赋能传统产业，促使传统产业向智能化转型升级，大幅度提升产业生产效率，提升产业价值链条，催生了智能零售、智能营销等由传统产业转型升级的新兴智能产业。此外，由于我国具有大量高素质的劳动力和良好的技术基础，在芯片、汽车零部件等高度复杂的制造领域以发展本国制造替代国外进口，促进新旧动能转换，推动行业整体转型升级。

三是人们的消费支出和消费需求的变化成为经济发展的主动力。国家统计局公布的2018年社会消费品零售总额数据显示，2018年我国社会消费品零售总额突破38万亿元，同比增长率达9%，大大超过了6.6%的经济增长速度。此外，我国消费者服务性消费的比重也持续上升。消费品零售总额对我国国内生产总值增长的贡献率高达76.2%，同比增长率为18.6%，进一步巩固了消费作为经济增长的主动力作用。智能技术的应用与发展使得人们接触的东西更加多元化，不断提升人们的认知能力，当前已有的信息资讯已不能满足人们追求新事物的需求。人们生活水平的提高产生了消费需求的变化，人们不再满足于生理需求和安全需求，而是追求更高层次的精神需求、尊重需求和自我实现需求，人们的消费需求由单一转向多元化，推动了消费者的消费结构不断升级。

四是政府的大力支持为智能经济的崛起提供了政策红利。多份政府工作报告强调科学技术是第一生产力，创新是引领发展的第一动力，要提高我国的国际竞争力，就必须抢占智能技术创新高地，大力发展智能经济。随着中央对推动智能经济发展的一系列政策不断出炉，各级政府部门与企事业单位对人工智能产业以及智能经济的发展日益重视，政府政策的护航为我国智能经济的快速崛起提供了广阔的发展空间。

三、未来已来：智能经济的未来趋势

当前，人工智能、大数据等智能技术的发展与应用为世界经济发展注入了新动力，世界正处于大发展、大变革、大调整的浪潮之中，世界经济格局进入数字经济的下一站，也就是智能经济时代。智能经济颠覆了现有的生产和生活方式，成为世界各国关注和热议的焦点，是新市场经济的革命性力量，是供给侧结构性改革的重要抓手，推动我国经济高质量、可持续发展。智能经济是世界各国共同面临的历史性机遇，具有广阔的发展空间，对技术、产业、组织、分工都将产生由数字化迈进智能化的深远影响。由碳基文明过渡到硅基文明，不仅将驱动产业的创新发展，还将改善生产和生活的质量。

计算机网络在过去30多年的迅速崛起与发展孕育了智能商业的发展雏形，随着智能技术群落的核聚变及其对实体经济的赋能，在未来10年，智能商业将进入大规模的全面爆发阶段，使得智能经济的规模更大、范围更广、影响力更深远。我国要借着全球迈进智能经济时代的"东风"，提前布局，合理规划，在新一轮的国际竞争中赢得优势地位。在未来，智能经济会呈现出以下特点：

第一，新的经济运行操作系统。从IT时代到"互联网+"时代，再到"智能+"时代，在世界经济格局不断升级演变的过程中，技术的进步与发展起着至关重要的作用。"智能+"不是"互联网+"的简单升级，与"互联网+"相比，"智能+"所依赖的关键核心技术不同，"智能+"是多种新兴技术力量的融合，多种技术的汇集与融合应用加速了智能技术的核聚变，推动了"智能+"时代的到来。以云计算、大数据、物联网、人工智能、5G为代表的新一代信息技术，在不断的融合、叠加、迭代中，为智能经济提供了高经济性、高可用性、高可靠性的智能技术底座，推动人类社会进入一个全面感知、可靠传输、智能处理、精准决策的万物智能时代。

新一代智能技术在经济发展中的运用推动了商业模式的创新，以零售业为例，智能技术的应用使得零售市场满足了大众全面性、灵活性、个性化的消费，为消费者提供最优质的服务，使得消费者足不出户就可以感受全新的消费体验，促进了消费者消费模式的转变。数据流动的自动化实现了资源的优化配置，人工智能、大数据等智能技术的核聚变正在重塑经济系统，促进新的经济运行操作系统的实现。

第二，新的产业结构。科技的进步与发展会催生新兴的产业，形成新产品、新工艺，促进原有产业部门资源要素的更新与换代，推动原有产业部门转型升级。一方面，以人工智能等为代表的新兴智能技术的进步与发展会创造出新的产业，形成原来没有的产业部门和生产部门，如技术开发岗等。智能技术的应用还会对原有产业部门进行改造，提高其硬件与软件基础设施，促进原有产业部门升级，一大批传统行业在与智能技术的融合中不断转型升级，向智能化方向发展。例如，在财务部门中应用智能技术，可借助计算机网络实现自动化处理。另一方面，智能技术的应用将使原有的产业部门得到改造，形成新产品、新工艺、新能源，使得产业结构发生变革，一大批新兴智能产业及其服务应运而生，传统产业逐步实现智能化。

第三，新的组织形态。进入智能经济时代以来，世界经济格局发生了巨大的变化，组织形态也在不断发生变化，智能组织将成为未来组织的发展方向、将呈现出全新的组织形态。一是组织规模的小微化，由于范围经济的作用，企业的外部协作成本的下降速度高于内部协作成本，因此，企业规模会持续缩小，表现为企业内部裂变为多个小前端，如海尔的自主经营体。二是组织结构的"云端化"，在企业的组织结构中存在着一种提供共有服务的"云"，其能够帮助用户随时随地获取所需数据，在提供此服务的同时还存在一个能够给用户提供二次开发接口的运行平台。组织结构的云端化有助于接口的统一和获取知识的便利性。三是组织运行的"液态化"与边界的开放化，固化的组织运行会加大跨部门协同的难度，减弱个人的协作意愿，使得部门的创新与运行效率低下，而液态化的组织运行会模糊部门内部与外部的边界，实现劳动力、资金等资源要素的自由流动与组合，同时，资源要素的自由流动与组合会使组织边界呈现出融合交汇的格局，企业组织边界逐步开放化。四是人机协同的"常态化"，智能技术日益融入我们生产、生活的方方面面，对我们的工作、生活产生了巨大的影响，人机协同使得机器帮助人类更快更好地决策，人机协同将逐步成为主流的组织形态。

第四，新的经济准则与文化习惯。我国经济由"互联网＋"迈入"智能＋"时代，消费结构升级，经济结构优化与转型升级，无论是消费者对产品和服务的需求，还是生产者对生产要素的需求，都发生了变化。对于消费者而言，个性化与定制性的产品和服务成为其主流消费需求；对于生产者而言，其更加追求弹性化、生态化的生产方式。此外，智能技术的赋能塑造了新的商业模式，未来的商业活动不会全部集中在同一个中心。例如，以往唱歌要去 KTV，KTV 就是唱歌的活动中心，而如今由于经济的进步，各大商场、校园周边等出现了诸多迷你 K 房、自助唱歌机，人们逐渐摆脱 KTV 这个中心，去中心化趋势日益明显。此外，不同的时代有不同的价值元素，正如互联网时代以开放、分享、透明、责任为价值考量，智能经济时代也有自己独特的价值元素，并且这些价值元素将随着各项智能产品的应用逐步深入人们的生活，与公众的价值判断体系日益融合。随着商业智能最佳实践的大量涌现，全社会各类组织和个体都已经被动卷入或主动学习它们所包含的"最佳行事方式"，因此，少数人的新知很快就会变成全社会多数人都熟知并自觉遵从的常识。

智能经济呈现出的全新的未来样貌，将缓解原有市场经济中的"瓶颈"问题，我们要全面、实时、准确地把握智能经济发展动向，将海量且混乱的信息转化为商机，精准匹配市场用户的供给与需求，创造新的需求，改造新的供给，释放出智能经济时代的发展红利，深化供给侧结构性改革，推动我国经济又好又快发展。

第五章 人工智能技术与风险社会

如果说越轨行为是从短期的角度谈人工智能的社会影响，那么风险社会则是从较为长期影响的角度谈人工智能的社会影响。对于"AI风险"，显然"最好是承认风险的存在，而非否认它"。《新一代人工智能发展规划》中曾专门提到："人工智能发展的不确定性带来新挑战。人工智能是影响面广的颠覆性技术，可能带来改变就业结构、冲击法律与社会伦理、侵犯个人隐私、挑战国际关系准则等问题，将对政府管理、经济安全和社会稳定乃至全球治理产生深远影响。在大力发展人工智能的同时，必须高度重视其可能带来的安全风险挑战，加强前瞻预防与约束引导，最大限度降低风险，确保人工智能安全、可靠、可控发展。"从措辞中，我们可以看出《新一代人工智能发展规划》中有了"不确定性""可能""将""挑战""前瞻"等用语，显示出了"风险"视角与"越轨"视角的差异性。

第一节 分布式人工智能和 Agent 技术

一、分布式人工智能

分布式人工智能（Distributed Artificial Intelligence，DAI）的研究始于 20 世纪 70 年代末，主要研究在逻辑上或物理上分散的智能系统如何并行地、相互协作地实现问题求解。

其特点包括以下几个方面：

（1）系统中的数据、知识以及控制，不但在逻辑上而且在物理上分布着，既没有全局控制，也没有全局的数据存储。

（2）各个求解机构由计算机网络互连，在问题求解过程中，通信代价要比求解问题的代价低得多。

（3）系统中诸机构能够相互协作，来求解单个机构难以解决，甚至不能解决的任务。

分布式人工智能的实现克服了原有专家系统、学习系统等弱点，极大提高知识系统的性能，可提高问题求解能力和效率，扩大应用范围、降低软件复杂性。

其目的是在某种程度上解决计算效率问题。它的缺点在于假设系统都具有自己的知识和目标，不能保证它们相互之间不发生冲突。

近年来，基于 Agent 的分布式智能系统已成功地应用于众多领域。

二、Agent 系统

Agent 的提出始于 20 世纪 60 年代，又称为智能体、主体、代理等。受当时的硬件水平与计算机理论水平限制，Agent 的能力不强，几乎没有影响力。从 80 年代末开始，Agent 理论、技术研究从分布式人工智能领域拓展开来，并与许多其他领域相互借鉴及融合，在许多领域得到了更为广泛的应用。M.Minsky 曾试图将社会与社会行为的概念引入计算机中，并把这样一些计算社会中的个体称为 Agent，这是一个大胆的假设，同时是一个伟大的、意义深远的思想突破，其主要思想是"人格化"的计算机抽象工具，并具有人所有的能力、特性、行为，甚至能够克服人的许多弱点等。90 年代，随着计算机网络以及基于网络的分布计算的发展，对于 Agent 及多 Agent 系统的研究，已逐渐成为人工智能领域的一个新的研究热点，也成为分布式人工智能的重要研究方向。目前，对于 Agent 系统的研究正在蓬勃发展，具体来说可分为基于符号的智能体研究和基于行为主义的智能体研究。

（一）Agent 的基本概念及特性

研究者给出了各种 Agent 的定义，简单地说，Agent 是一种实体，而且是一种具有智能的实体。其中，M.Wooldridge 等人对 Agent 给予了两种不同的定义：一是弱定义；二是强定义。弱定义认为，Agent 是用来表示满足自治性、社交性、反应性和预动性等特性的，一个基于硬件、软件的计算机系统。强定义认为，除了弱定义中提及的特性外，Agent 还具有某些人类的（诸如知识、信念、意图、义务、情感等）特性。

Agent 的主要特性如下：

（1）自治性。Agent 不完全由外界控制其执行，也不可以由外界调用，Agent 对自己的内部状态和动作有绝对的控制权，不允许外界的干涉。

（2）社会性。Agent 拥有其他 Agent 的信息和知识，并能够通过某种 Agent 通信语言与其他 Agent 进行信息交换。

（3）反应性。Agent 利用其事件感知器感知周围的物理环境、信息资源、各种事件的发生和变化，并能够调整自身的内部状态，做出最优的适当的反应，使整个系统协调地工作。

（4）针对环境性。Agent 必须是"针对环境"的，在某个环境中存在的 Agent 换了一个环境有可能就不再是 Agent 了。

（5）理性。Agent 自身的目标是不冲突的，动作也是基于目标的，自己的动作不会阻止自己的目标实现。

（6）自主性。Agent 是在协同工作环境中独立自主的行为实体。Agent 能够根据自身内部的状态和外界环境中的各种事件来调节和控制自己的行为，使其能够与周围环境更加和谐地工作，提高工作效率。

（7）主动性。Agent 能主动感知周围环境的变化，并做出基于目标的行为。

（8）代理性。若当前内部状态和周围事件适合某种条件，Agent 就能代表用户有效地执行相应的任务，Agent 还能对一些使用频率较高的资源进行"封装"，引导用户对这些资源进行访问，成为用户通向这些资源的"中介"。此时，Agent 就充当了人类助手的角色。

（9）独立性。可将 Agent 看作一个"逻辑单位"的行为实体，成为协同系统中界限明确、能够被独立调用的计算实体。

（10）认知性。Agent 能够根据当前状态信息和知识库等进行推理、决策、评价、指南、改善协商、辅助教学等，保证整个系统以一种有目的与和谐的方式行动。

（11）交互性。对环境的感知，通过行为改变环境，并能以类似人类的工作方式和人进行交互。

（12）协作性。通过协作提高多 Agent 系统的性能。聚焦于待求解问题最相关的信息等手段合作最终来共同实现目标。

（13）智能性。Agent 根据内部状态，针对外部环境，通过感知器和执行器执行感知—推理—动作循环，这可以通过人工智能程序设计或机器学习两种方式获得。

（14）继承性。沿用了面向对象中的概念对 Agent 进行分类，子 Agent 可以继承其父 Agent 的信念事实、属性等。

（15）移动性。Agent 能根据事务完成的需要相应地移动物理位置。

（16）理智性。Agent 能信守承诺，总是尽力实现自己的目标，为实现目标而主动采取行动。

（17）自适应性。Agent 能够根据以前的经验校正其行为。

（18）忠诚性。Agent 的通信从不会故意提供错误信息、假信息。

（19）友好性。Agent 之间不存在互相冲突的目标，总是尽力帮助其他 Agent。

根据以上的讨论，可以给出一个 Agent 的简单定义：Agent 是分布式人工智能中的术语，它是异质协同计算环境中能够持续完成自治、面向目标的软件实体。Agent 最基本的特性是反应性、自治性、面向目标性和针对环境性，在具有这些性质的基础上再拥有其他特性，以满足研究者的不同需求。

（二）Agent 的分类及能力

1.Agent 的分类

对 Agent 的分类需要从多方面考虑。

首先，从建造 Agent 的角度出发，单个 Agent 的结构通常分为思考型 Agent、反应型 Agent 和混合型 Agent。

思考型 Agent 的最大特点就是将 Agent 视为一种意识系统，即通过符号 AI 的方法来实现 Agent 的表示和推理。人们设计的基于 Agent 系统的目的之一是把它们作为人类个体和社会行为的智能代理，那么 Agent 就应该（或必须）能模拟或表现出被代理者具有的所谓意识态度，如信念、愿望、意图（包括联合意图）、目标、承诺、责任等。典型工作有由 Bratman 提出的、此后逐渐形成的、著名的 BDI 模型。

符号 AI 的特点和种种限制给思考型 Agent 带来了很多尚未解决甚至根本无法解决的问题，这就导致了反应型 Agent 的出现。反应型 Agent 的支持者认为，Agent 不需要知识、不需要表示、不需要推理、可以进化，它的行为只能在世界与周围环境的交互作用中表现出来，它的智能取决于感知和行动，提出了 Agent 智能行为的"感知—动作"模型。

反应型 Agent 能及时而快速地响应外来信息和环境的变化，但智能低，缺乏灵活性；思考型 Agent 具有较高的智能，但对信息和环境的响应较慢，而且执行效率低，混合型 Agent 综合了两者的优点，已成为当前的研究热点。

2.Agent 的能力

随着技术的成熟，待解决的问题越来越复杂。在许多应用中，要求计算机系统必须具有决策能力，能做出判断。到目前为止，AI 研究人员已建立理论、技术和系统以研究和理解单 Agent 的行为和推理特性。如果问题特别庞杂或不可预测，那么能合理地解决该问题的唯一途径是建立多个具有专门功能的模块组件（Agents），各自解决某一种特定问题。如果有互相依赖的问题出现，系统中的 Agent 就必须合作以保证能有效控制互相依赖性。具体来说 Agent 的能力有社交能力、学习能力、决策能力、预测能力。

此外，Agent 还有表达知识的能力和达到目标、完成计划的能力等。

3.Agent 研究的基本问题

Agent 系统研究的问题主要有三个方面：Agent 理论、Agent 体系结构、Agent 语言。

1）Agent 理论

Agent 的理论研究可追溯到 20 世纪 60 年代，当时的研究侧重于讨论作为信息载体的 Agent 在描述信息和知识方面所具有的特性。直到 80 年代后期，由于 Agent 技术的广泛使用，以及在实际应用中面临的种种问题，Agent 的理论研究才得到人们重视，前些年提出的关于思维状态的推理和关于行动的推理等研究是关于 Agent 研究的重要起点。Agent 理论研究要解决三个方面的问题：①什么是 Agent；② Agent 有哪些特性；③如何采用形式化的方法描述和研究这些特性。Agent 理论的研究旨在澄清 Agent 的概念，分析、描述和验证 Agent 的有关特性，从而指导 Agent 体系结构和 Agent 语言的设计和研究，促进复杂软件系统的开发。

Agent 的特性中含有信念、愿望、目的等意识化的概念，这是经典的逻辑框架无法表示的，于是研究人员提出了新的形式化系统，以期从语义和语法两方面进行改进。语义方面主要是可能世界状态集和状态之间的可达关系，并把世界语义和一致性理论结合为有力的研究工具。在可能世界语义中，一个 Agent 的信念、知识、目标等都被描绘成一系列可能世界语义，它们之间有某种可达关系。可能世界语义可以和一致性理论相结合，使之成为一种引人注目的数学工具，但是，它也有许多相关的困难。

2）Agent 体系结构

在计算机科学中，体系结构指功能系统中不同层次结构的抽象描述，它和系统不同的实现层次相对应。Agent 的体系结构也主要描述 Agent 从抽象规范到具体实现的过程。这方面的工作包括如何构造计算机系统，以满足 Agent 理论家所提出的各种特性，什么软硬件结构比较合适（如何合理划分 Agent 的目标）等。Agent 的体系结构一般分为两种：主动式体系结构和反应式体系结构。

3）Agent 的语言

Agent 语言的研究涉及如何设计出遵循 Agent 理论中各种基本原则的程序语言，包括如何实现语言、Agent 语言的基本单元、如何有效地编译和执行语言程序等。至少 Agent 语言应当包含与 Agent 相关的结构。Agent 语言还应当包含一些较强的 Agent 特性，如信念、目标、能力等。Agent 的行为（包括通知、请求、提供服务、接受服务、拒绝、竞争、合作等）借鉴了言语行为（Speech Act）理论的部分概念，可以表达出同一行为在不同环境下的不同效果。KQML（Knowledge Query Manipulation Language）是目前被广泛承认和使用的 Agent 通信语言和协议，它是基于语言行为理论的消息格式和消息管理协议。KQML 的每则消息分为内容、消息和通信三部分。它对内容部分所使用的语言没有特别限定；Agent 在消息部分规定消息意图、所使用的内容语言和本体论；通信部分设置低层通信参数，如消息收发者标识符、消息标识符等。

三、多 Agent 系统

（一）多 Agent 系统的基本概念及特性

多 Agent 系统（Multi-Agent System，MAS）是指一些智能 Agent 通过协作完成某些任务或达到某些目标的计算系统，它协调一组自治 Agent 的智能行为，在 Agent 理论的基础上重点研究多个 Agent 的联合求解问题，协调各 Agent 的知识、目标、策略和规划，即 Agent 互操作性，内容包括 MAS 的结构、如何用 Agent 进行程序设计（AOP），以及 Agent 间的协商和协作等问题。

分布式人工智能的产生和发展为 MAS 提供了技术基础。到了 20 世纪 80 年代中期，DAI 的研究重点逐渐转到 MAS 的研究上。Actors 模型是多 Agent 问题求解的最初模型之一，接着是 Davis 和 Smith 提出的合同网协议。

MAS 的特点主要包括以下几种：

①每个 Agent 拥有求解问题的不完全的信息或能力，即每个 Agent 的信息和能力是有限的；

②没有全局系统控制；

③数据的分散性；

④计算的异步性；

⑤开放性（任务的开放性、系统的开放性、问题求解的开放性）；

⑥分布性；

⑦动态适应性。

除了具有 Agent 系统的个体 Agent 的基本特点外，还有以下特点：

（1）社会性。Agent 可能处于由多个 Agent 构成的社会环境中，Agent 拥有其他 Agent 的信息和知识，并能通过某种 Agent 通信语言与其他 Agent 实施灵活多样的交互和通信，实现与其他 Agent 的合作、协同、协商、竞争等，以完成自身的问题求解，或者帮助其他 Agent 完成相关的活动。

（2）自治性。在 MAS 中一个 Agent 发出服务请求后，其他 Agent 只有在同时具备提供此服务的能力与兴趣时，才能接受动作委托。因此，一个 Agent 不能强制另一个 Agent 提供某项服务。

（3）协作性。在 MAS 中，具有不同目标的各个 Agent 必须相互工作、协同、协商未完成问题的求解，通常的协作有资源共享协作、生产者 / 消费者关系协作、任务 / 子任务关系协作等。

（二）多 Agent 系统的研究内容

MAS 是一个松散耦合的 Agent 网络，这些 Agent 通过交互解决超出单个 Agent 能力或知识的问题。目前，MAS 研究的主要方面包括 MAS 理论、多 Agent 协商和多 Agent 规划等，其他比较热门的 MAS 研究还包括 MAS 在 Internet 上的应用、移动 Agent 系统、电子商务、基于经济学或市场学的 MAS 等。

（1）多 Agent 系统理论

MAS 的研究是以单 Agent 理论研究为基础的。除单 Agent 理论研究所涉及的内容以外，还包括一些和 MAS 有关的基本规范，主要有如下几点：MAS 的定义；MAS 心智状态，包括与交互有关的心智状态的选择与描述；MAS 应具有哪些特性；这些特性之间具有什么关系；在形式上应如何描述这些特性及其关系；如何描述 MAS 中 Agent 之间的交互和推理；等等。

多 Agent 联合意图。对于 MAS，除了考虑关于单个 Agent 的意识态度的表示和形式化处理等问题，还要考虑多个 Agent 意识态度之间的交互问题，这是 MAS 理论研究的重点之一。

（2）多 Agent 系统体系结构

体系结构的选择影响异步性、一致性、自主性和自适应性的程度，以及有多少协作智能存在于单 Agent 自身内部。它决定着信息的存储和共享方式，同时也决定着体系之间的通信方式。

Agent 系统中有如下几种常见体系结构：

1）Agent 网络。在这种体系结构中，不管是远距离的还是近距离的 Agent 之间都是直接通信的。

2）Agent 联盟。联盟不同于 Agent 网络，若干相距较近的 Agent 通过一个称为协助者的 Agent 来进行交互，而远程 Agent 之间的交互和消息发送是由各局部群体的协助者 Agent 协作完成的。

3）黑板结构。这种结构和联盟系统有相似之处，不同的地方在于黑板结构中的局部 Agent 群共享数据存储——黑板，即 Agent 把信息放在可存取的黑板上，实现局部数据共享。

（3）多 Agent 系统协商

MAS 中每个 Agent 都具有自主性，在问题求解过程中按照自己的目标、知识和能力进行活动，常常会出现冲突。MAS 中解决冲突的主要方法是协商。协商是利用相关的结构化信息的交换，形成公共观点和规划的一致，即一个自治 Agent 通过协调它的世界观点、自己及相互动作来达到其目的的过程。

MAS 的协商主要包括协商协议、协商目标、Agent 的决策模型。

第二节　理解"风险"与"风险社会"

一、什么是"风险"

风险概念"最初是在两个背景下出现的：它起源于探险家们前往前所未知的地区的时候，还起源于早期重商主义资本家们的活动"。由此而言，风险概念最初是指对地理空间的探索中可能遇到的危险等。随着现代社会的演进，风险概念也逐渐从最初对地理空间的探索转移到对时间的探索，这种以时间序列为依据来做出估计的风险指的是：在一定条件下某种自然现象、生理现象或社会现象是否发生，以及其对人类的社会财富和生命安全是否造成损失和损失程度的客观不确定性。

二、什么是"风险社会"

德国社会学家贝克把"风险社会"定义为一系列特殊的社会、经济、政治和文化因素，这些因素具有普遍的人为不确定性，它们使现存社会结构、体制和社会关系更加复杂、更加偶然和更易分裂。吉登斯则认为风险社会是指由于新技术和全球化所产生的与早期工业社会不同的社会性，它是现代性的一种后果。吉登斯同时分析了传统社会风险与当代社会风险的差异，他指出"传统社会风险是一个局部性、个体性、自然性的外部风险，当代社会风险则是一种全球性、社会性、人为性的结构风险"。吉登斯还区分了"外部风险"与"被制造出来的风险"，认为"外部风险就是来自外部的，以及因为传统或者自然的不变性和固定性所带来的风险"，如火山、地震、台风等；"被制造出来的风险，指的是由我们不断发展的知识对这个世界的影响所产生的风险，是指我们在没有多少历史经验的情况下所产生的风险"，如环境污染等。在工业社会存在的最初200年里，占主导地位的风险可以被称为"外部风险"。而在现今社会，这种由外部风险占据的主导地位逐渐被制造出来的风险取代，于是，吉登斯将这种由被制造出来的风险占主导地位的世界称为"失控的世界"。

第三节　人工智能风险的表现

结合前述吉登斯对"风险"和"风险社会"的认识，我们认为人工智能的风险是一种"被制造出来的风险"，不仅仅是AI技术发展本身的风险负荷，而且技术在落地应用中也存在着社会风险。如果将人、技术、内容、使用过程等不同因素整合在一起，那么，我们便会得到一个人工智能社会风险的模型，如图5-1所示。

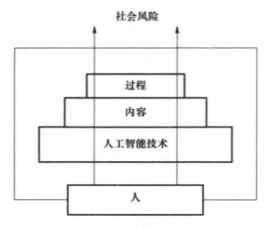

图 5-1　人工智能社会风险的表现

包含人、AI技术、数据内容、使用过程等因素的人工智能系统，本身是嵌于社会生态之中的，无论是AI技术本身，还是其负载的数据内容，或是人们对AI技术的使用，都可能给社会带来"被制造出来的"风险。下面，我们逐一对这些AI社会风险进行介绍。

一、人工智能技术发展与安全"风险"

现代风险与科学技术的发展有着密切的联系。科学技术在给人类带来巨大福祉的同时，也潜藏着对人类社会的各种威胁，成为现代社会风险的重要根源。按照社会建构论的观点，科学技术的后果与影响是内在于科技自身的东西。在这个意义上，风险性不是外在于科学技术的社会特征，而是科学技术的内在属性之一。也就是说，科学技术是风险负荷的。

（1）机器人技术与社会风险。人工智能显然是"被制造出来的"。例如，2017年，波士顿动力公司发布的一款Atlas四足机器人震惊了世界，除行走、跳跃外，这款Atlas机器人还会后空翻！绝大部分人都无法完成的高难度动作竟然让一个机器人轻松实现了。为了保持其直立和稳定性，Atlas 不仅拥有立体视觉感知、距离感知及其他感知功能，还能够观测环境并在崎岖不平的地上行走。机器人技术发展如此迅猛，对此，特斯拉公司 CEO 马斯克多次建议加强监管，他认为："我们必须要建立人工智能的监管技术，人工智能和食品、药物、航天航空、汽车一样需要被监管。就像如果没有美国联邦航空管理局，飞行安全一定会是个大问题。"

（2）智慧物联网与社会风险。整体而言，智慧物联网的落地过程仍处于初级阶段，因此，也具有在开始阶段所具有的普遍风险倾向。随着产业的进步，必须面对和解决安全风险问题。在整个物联网落地过程当中，安全漏洞比以前互联网还要多得多，而且安全的事故所带来的影响可能比以往计算机被病毒入侵的情况要厉害得多。例如，根据一项对智能摄像头的信息安全风险监测结果显示，安全漏洞防不胜防！安全风险问题包含数据的隐私、流程安全运营和管理、对于密钥的鉴别以及认证等，需要系统地由多厂商平台（包括网络运营）一起来解决。

（3）无人驾驶与社会风险。在无人驾驶任务中，生成对抗网络对车辆视觉系统的攻击是一个问题。对抗样本对计算机视觉系统的攻击已经是老话题，只要是很轻微的扰动，神经网络就会发生错误，将一个物体看成另一个物体，或者干脆对眼前的物体视而不见。与"计算机能够看明白东西"这一伟大历史进展相比，轻微的扰动可能是无伤大雅的小问题。但这样的缺陷放在自动驾驶领域，却是人命关天的大事情。"在无人驾驶系统的视觉模块、在能购物的智能音箱里、在过滤网络不良信息的任务中，我们需要系统非常可靠。而现在，神经网络的潜在危险很多。"对此，360 集团董事长兼 CEO 周鸿祎在第二届世界智能大会现场演讲时称，没有安全就不可能有智能汽车时代的真正到来。无论是特斯拉还是别的智能汽车，都可以用手机进行控制，要和车厂的服务器保持连接，能够通过定期更新软件来改变车辆的驾驶模式，既然汽车都可以联网，用手机都可以打开车门、打开空调了，那么就一定可以被劫持。

上述分别从机器人、智慧物联网和无人驾驶等三个人工智能应用领域介绍了人工智能技术的安全风险表现。人工智能技术涉及数学、计算机科学、心理学、神经学等众多门类，在机器人、智能分析、识别系统等方面获得了广泛应用。但人工智能技术的发展并没有从根本上解决因技术故障导致的机器人"伤人"事件。例如，2016 年第十八届中国国际高新成果交易会上由于工作人员的操作失误，使机器人撞向站台，划伤观众事件。因此，人工智能最为直接的现实挑战就是技术风险。例如，人工智能系统所依赖的传感器以及所使用的开源软件等，这使得其面临较多的安全漏洞。

人们谈论风险，往往不是在一个层面上，有的人谈论的是可能的技术发展中的安全风险，有的人谈论的则是技术的潜在不当使用所带来的风险。

二、人工智能技术的潜在不当使用与风险

如果说技术本身往往是带有风险的，那么，在不同的社会环境下，对于技术的不同使用也会带来风险。此处，我们着重带入"人"这一因素，尤其是从使用角度探讨人工智能技术的社会风险。具体而言，这种不同的使用可以细分为两个层面：

（1）对用户信息的不当或者过度采集所带来的潜在风险

首先，对用户信息的不当采集会带来潜在的风险。例如，据报道，谷歌为了提升新一代手机 Pixel 4 的面部解锁系统，向每个愿意出售面部数据的人提供 5 美元的礼品卡。但据称这家科技公司正在使用一些可疑的方法进行面部扫描。据参与该项目工作的几位消息人士称，一家名为 Randstad 的承包公司确实在亚特兰大以流浪汉、黑人为采集目标，通常也不说他们在为谷歌工作，也没有说他们实际上是在录制人的面部信息。在志愿者签署的协议中，谷歌保留了长达五年的人脸数据使用权，这个时间甚至可能因为项目的继续而延长。此外，它还授予谷歌汇总和共享研究数据的权利，而且没有任何使用目的的限制。这或许意味着数据的使用不限于谷歌的单个业务，同时适用范围也不会仅限于美国国内。

其次，对用户信息的过度采集也会带来潜在的风险。例如，据报道，有的地方如灵隐寺、天坛试点使用带有人脸识别技术的厕纸机，取纸者只有刷脸才能取得厕纸，等等。再如，2009 年，印度政府启动名为 Aadhaar 的号称全球第一大生物识别数据库的新身份项目，该项目据称要收集超过 10 亿人口的姓名、地址、手机号，以及可能更为重要的指纹、相片和虹膜扫描。在这一过程中，Aadhaar 渗透印度人日常生活的几乎每一个方面，包括到学校上学、医院看病，以及银行获得金融服务。它可谓打开了规模前所未见的数据收集的路径。对此，虽然印度政府认为 Aadhaar 是解决诸多社会问题的重要方案，但有批评者认为这是政府在过度收集公民隐私信息。身体生物的复杂性和唯一性特征使其具有高安全性，但是身体的生物信息的唯一性决定其一旦被泄露、盗用、复制和错用，将导致严重的后果。

（2）对所收集的用户信息不当或非法使用可能带来的风险

首先，对人工智能所收集信息的不当使用也会带来风险。例如，据报道，2018 年 5 月，美国亚马逊公司被曝出将自己下属公司旗下的人脸识别技术 Recognition 出售给警方，这种人脸识别技术能够帮助警方实时从数百万张人脸中识别出目前正在寻找的人。多家组织向亚马逊写信表达了抗议，认为该技术将不可避免地被当局滥用，并指控亚马逊提供"强大的监控系统会对社区形成巨大威胁，包括有色人种和移民。警方可能会利用其追踪抗议者或其他被警方列为嫌疑人的目标，而不仅仅是罪犯"。人们如此愤怒的原因在于，针对人脸识别技术在执法部门的使用权限和用途并没有明确的法律规定，即执法的警察存在滥用此项技术，从而带来侵犯公民隐私的风险。

近观国内，其实人脸识别的应用程度远超我们的想象。而当政策法规的出台远远跟不上技术的发展时，对于技术的不当使用便会成为人工智能时代的风险。例如，少数公司正

在收集海量用户的数据，访问这些数据便可以复盘我们的日常生活轨迹，以及显性或隐性的兴趣，就能"知道"我们的行动历史，我们的在线搜索以及社交媒体活动、聊天、邮件等在线行为。基于此，AI 系统将能"理解"所有在线用户的兴趣、日常习惯以及将来的需求，可以对用户的购买兴趣以及用户的情绪状态等做出准确的估计和预测。但是这些"访问"是否经过了用户的许可，是否是一种未经授权的不当使用呢？显然，用户的隐私处在风险之中。

其次，对人工智能所收集信息的非法使用也会带来风险。例如，国内有地方利用人脸识别技术在公共场合公开曝光所谓"闯红灯人员"的信息。再如，2017 年，浙江警方破获了一起利用人工智能犯罪、侵犯公民个人信息案。专业黑客用深度学习技术训练机器，让机器能够自主操作，批量识别验证码。"很短时间就能识别上千上万个验证码。"人工智能技术始终存在着被滥用以及非法使用的风险。

如上所述，在现实中，无论美国还是中国，人脸识别技术都存在着被滥用从而导致不良社会后果的风险。对此，2018 年，来自剑桥大学等多个研究机构的研究人员发布了一份 AI 预警报告《人工智能的恶意使用：预测、预防和缓解》，预测了未来十年网络犯罪的快速增长、无人机的滥用、使用"机器人"操纵从选举到社交媒体等恶意利用人工智能的场景。例如，在政治领域，借用详细的分析、有针对性的宣传、便宜且高度可信的虚拟视频，可以操控公众舆论，而这种操控的规模在以前是无法想象的。这份报告针对 AI 的潜在恶意使用发出警告，号召政府及企业重视当前人工智能应用中的危险。

三、人工智能的偏见和歧视

正如前所述，人工智能依赖于海量数据，强大的算法可以分析这些数据，然后得出结论，作出相应的预测，等等。但是，如果人工智能所依赖的数据本身存在偏见，比如带有种族主义或性别歧视的语言，那么这会影响结果。这是一种基于人工智能数据内容本身的风险表现。我们在前面也曾经从人工智能与社会的关系角度探讨了人工智能的偏见和社会歧视问题。这是智能社会已然存在的风险表现之一。例如，有偏见的人工智能在选美比赛中选择了浅色皮肤的选手，而非深色皮肤的选手。一种带有偏见的谷歌算法将黑脸归类为大猩猩。在一项研究中，一个有偏见的人工智能筛选简历，会更倾向于欧裔美国人（相对于非裔美国人）。在另一项研究中，有偏见的 AI 将男性的名字与职业导向、数学和科学词汇联系起来，同时将女性的名字与艺术概念联系在一起。

正如偏见部分来源于人工智能所依赖的数据，解决偏见的方法之一便是从数据本身的质量入手。解决数据偏见问题的第一步是在数据收集过程中建立更大的透明度。它是从哪里来的？它是怎么收集的？是谁收集的？我们以人类语言中的性别歧视为例。人类语言中往往隐藏着性别歧视。例如，"可爱"被认为是一个女性专用词，而"辉煌"等于男性，同样还有"家庭主妇"与"计算机程序员"配对。在职业上，这种性别歧视最极端的例子是，哲学家、战斗机飞行员、上司和架构师等这些工作通常与"他"有关。而与"她"相关的职业包括家庭主妇、社交名媛、接待员和理发师。微软研究院的程序员亚当·卡莱正与波士顿大学的研究人员合作，试图从计算机中删除这种偏见。该研究小组发现，他们可以训练机器忽略单词的某些关联，同时保持了所需的关键信息。他们解释称："我们的目标是减少单词配对的性别偏见，同时保留其有用的属性。"通过调整他们的算法，该小组能够去除单词之间的某些关联，如"前台"和"女性"，同时保持合适的单词配对，如"女王"和"女性"。如果能够恰当地解决 AI 偏见和 AI 歧视，我们完全有可能创造出比创造者更少偏见的人工智能，那么人工智能将使生活变得更美好。

四、伦理与异化风险

这是从人与智能体关系的维度去思考智能社会的风险表现。

（1）伦理风险

机器人将逐渐融入我们的生活，但这一发展可能会带来一些值得关注的伦理风险。

首先，人们如何从心理上去接受一个人形机器人，这将使人们面临着心理的冲击。人类应该是智能机器人的主人还是朋友？这是一个值得进一步深思的问题，在实践中，从包括媒体报道中涉及人机关系的措辞，以及学生在参与调查中涉及人机关系时所使用的语言中，我们发现，不少人经常使用"主人"来称呼人机关系中人类一方，这背后其实反映了一种不对等甚至不平等的关系预期。这给我们指出了一点，即人类如何与人形的机器人相处也是未来智能社会的一个风险。

其次，人类可能会过度依赖机器人。前述章节我们曾经谈到在极端情况下，人们对机器人的过度信任会带来问题。在通常情况下，人们对智能机器人的过度依赖会带来潜在的风险，包括人机情感危机、情感依赖、失去某种自决权等。

再次，人工智能的伦理问题也一直没有定论。例如，在人工智能的使用过程中，难免会做出违背人道主义的事情，谩骂、殴打和虐待可能会发生，甚至将机器人当成发泄的工具等。

最后，在特殊情形下 AI 需要及时作出优化决定，这有时会引发伦理风险。尽管大多数情况下这种优化决定比较客观并且受到普遍接受，但也有些例子引起了道德和伦理方面的问题。比方说，知道自己就要撞上行人的无人车必须在数毫秒之内做出决定，是否要通过（对乘客）危险的机动，避开易受影响的行人。这些关键决策背后的逻辑必须事先定义好，得到很好的理解和接受。与此同时，在特定数据保护规则的约束下，无人车活动和决策的详细历史必须能访问到并且提供给大家进行分析。

（2）异化风险

有的人认为，人工智能在未来会超越人类智能，人类正在创造一个比自身更加强大的物种。基于此种论调，人工智能的异化与反抗风险便成为可能。那么，人类是否会被机器取代？什么时候才会出现通用人工智能？对此，在 2018 年 11 月 13 日举行的美国麻省理工学院中国峰会上，MIT 计算机科学与人工智能实验室主任罗斯女士表示，人工智能会给每个人的生活带来益处："（人工智能）工具本身没有好坏之分，关键在于人们如何使用它。"而根据罗斯的观点，我们离通用人工智能还非常遥远。她说，担心通用人工智能就像担心火星上人口过剩一样，与其担心机器会替代我们，还不如关注机器能如何支持我们。

第四节　人工智能风险的社会治理

近年来，人工智能获得了突飞猛进的发展，已从"未来"走向了现实。它不仅让生产率得到了大幅度的提升，还可以帮助人们解决很多过去难以应对的问题，正日益成为新一轮产业革命的引擎，这给人们带来了很多美好的憧憬。但与此同时，人工智能的发展也带来了很多新的问题和风险，如前述由人工智能引发的安全风险、隐私风险、伦理风险等。我们需要在社会层面对人工智能风险进行治理。

1. 人工智能的公众风险认识

传统的风险治理机制的重点在于对客观风险和灾难的防范、预警和事后处理，对主观层面的问题较少涉及。因此，在建立现代风险治理机制时，必须充分考虑人们的主观"风险认知"因素。现代科技风险扩散到社会的各个方面，与公众的生活息息相关，公众对了解可能影响他们生命财产安全的风险有强烈的愿望。因此，风险控制和管理中公众的参与是不可或缺的。新的风险社会应该建构一种双向沟通的"新合作风险治理"。同时也表明"风险"不仅是一种事实判断，而且是一种文化概念，在风险治理的决策过程中，必须充分考虑社会文化因素，而不是以简单的因果思维或工程思维来进行决策。公众对于人工智能的风险认识，本质上应该视为人工智能文化的表现形式，即"关于人工智能的文化"。

2. 风险控制，对于科技企业来说，就是要开发安全的产品

微软 CEO 萨蒂亚·纳德拉曾预言"AI 技术既会带来好的一面，也会带来坏的一面，科技企业必须认识到，它们的设计决定将会成为好与坏的推手"，强调了对于人工智能技术的风险控制而言，科技企业所肩负的社会责任。科技公司应该开发可信的技术，正如纳德拉所说，"环视我们生活的环境，到处都是威胁，有一件重要的事情是我们应该做的：那就是开发更安全的产品。微软是首先响应的企业。我们必须认识到，要保证基本安全光是开发安全产品还不够，还要注重运作。如果想健康，光有健身设备还不行，还得真正锻炼"。科技企业作为风险治理的相关方，应开发安全的产品。

3. 政府的立法

相对于前述公众、企业层面，这是从政府这一利益相关方的视角来谈人工智能风险的社会控制问题。例如，新加坡政府正在设立一个顾问委员会，评估人工智能和数据的伦理和法律应用，以及建议政策和治理，同时还将成立一个由法律和技术专家以及全球专家组

成的小组，以支持咨询委员会。该委员会将提出可能的治理框架，包括风险评估框架，用于采用和部署人工智能和数据。这些措施将基于两个关键原则：由人工智能或与人工智能一同做出的决定应该是"可解释的、透明的、公平的"；所有的人工智能系统、机器人以及基于人工智能的决策都应该是"以人为本的"。

就国内而言，如今"刷脸"已变成大众体验创新、享受便捷的日常"标配"。然而，正如前述，人脸识别技术在各领域得到广泛应用，给人们的生活带来便利的同时也出现了一系列问题，如人脸信息收集、存储、处理等使用规范欠缺导致的信息泄露安全问题等。公众也越发关注该技术在安全性方面面临的挑战。因此，行业亟须制定一系列标准和规范。鉴于此，在2019年11月20日举办的全国信标委生物特征识别分技术委员会换届大会上，由以商汤科技担任组长的27家企业机构共同组成的人脸识别技术国家标准工作组正式成立，人脸识别国家标准制定工作全面启动。

值得注意的是，国家在立法控制人工智能社会风险的同时，相关的立法不能过细过死，否则可能会扼杀新技术推动社会发展的潜能。毕竟，人工智能是一项革命性的技术。它在未来究竟会有怎样的发展、会产生怎样的影响，目前还很难给出确切的回答。例如，有学者认为，人工智能的发展会带来巨大的就业冲击，因此应当立法限制人工智能的发展，将其应用限制在一定的范围内。试想，如果这样的法律通过，那么很多领域将不能享受到人工智能带来的生产率提升。这固然可以让工人们保住饭碗，但同时也消灭了发展的可能性。当然，技术进步对就业的冲击是必须承认的，这就需要出台相关的公共政策加以应对。人工智能意味着游戏规则的改变。就风险而言，我们所生活的世界面临着因滥用人工智能而导致的风险，前述我们分别从人、技术、数据内容、人与技术关系等要素梳理探讨了人工智能的社会风险。对于人工智能的社会风险治理，则需要公众、机构和政府等采取切实行动，面对选择，我们必须具有行动的勇气和智慧。

第六章 人工智能在现实中的应用研究

第一节 人工智能与家居社会生活

家居通常被视为私人空间场所，人工智能包括智能机器人的落地应用，给家居生活带来了新的交互主体，同时，由于隐私安全等话题的介入，原本属于私人空间的家居生活也具有了进行公共讨论的可能性。

一、智能家居生活：人工智能在家居生活中的应用

（一）人工智能与居住环境的智能化

智能家居利用先进的计算机、人工智能技术、网络通信、自动控制等技术，将与家庭生活有关的各种应用有机地结合在一起，使家庭生活变得更舒适、安全、有效和节能。智能家居在具有传统的居住功能的同时，还能提供具有高度人性化的生活空间。将被动静止的家居设备转变为具有"智能"的工具，提供全方位的信息交换功能，帮助家庭与外部保持信息交流畅通，优化人们的生活方式，帮助人们有效地安排时间，增强家庭生活的安全性，并为家庭节省能源费用。总体而言，居住环境在人工智能技术的影响下变得比之前更为智能化，当下具有信息采集、处理、存储和交换功能，未来随着智能化水平的提升，家居设备将具有类似决策和行动的功能，自主灵活地实现家庭与外部信息交流。正如 TJM 所描述的："（家里）买了好多智能家居设备，如智能空调、智能电饭煲、智能台灯和智慧门锁，这个门锁可以使用指纹解锁。这样再也不用担心自己忘带钥匙了。而且家里也给我准备了一部手机，它也能使用小爱同学，让我可以和家里的小爱同学协同配合。它可以在我还没有到家的时候打开空调让我回家就感到温暖。我再也不用经历回到家辛苦学习了一天后家里冷冰冰的，还需要热饭、开空调，要是某天没带钥匙还要承受被锁在门外的烦恼。"

智能家居便捷了家居生活，让传统的设备告别孤岛式功能，形成了智能家居生态系统。例如，百度打造的智能家居生态系统 Duer OS，作为对话式 AI 操作系统，拥有十大类目 250 多项技能，可以接入机器人、手机、电视、音箱、汽车等多种硬件设备，同时支持第三方开发者接入。搭载 Duer OS 的设备能够听清、听懂并满足用户。从 Duer OS 的平台属性可以看出，它与谷歌的 Google Assistant、亚马逊的 Alexa 功能相似。这类产品的最

终目的都是想把自然语言交互的形式置入各个应用以及硬件设备当中，成为新的交互和操作系统。据称，Duer OS 到 Duer OS 2.0 后，合作伙伴超过 130 家。该系统已在家居、车载、移动等场景中得到快速应用，覆盖手机、电视、机顶盒、投影、音箱、冰箱等众多硬件品类。智能家居市场消费空间巨大，未来人工智能技术在智能软硬件设施的应用空间是非常具有前景的。

（二）人工智能产品基于深度学习助力营养食品的识别

国内外一些创业团队，借助机器学习等相关技术，开发了虚拟营养师应用。部分研究结果显示，在机器学习技术支持下，虚拟营养师可能比真实营养师提供的建议效果更好。例如，人工智能医学服务提供商 Airdoc 团队基于深度学习，曾经推出智能应用"每日三次"。享用美食之前拍摄一张照片，就会自动分析呈现食物的营养结构，可以对食物进行监测、分析、评估，从而能够合理管理个人营养摄入。再如，初创公司 Foodvisor 开发了一款 App，通过图像识别食物的种类甚至质量，计算卡路里并给出饮食建议。通过给食物拍照，可以得到一份营养成分清单，包括卡路里、蛋白质、碳水化合物、脂肪等。人工智能技术在这里的核心价值在于通过对数据的解读，识别食物营养成分，来提供更适合的医学营养方案，从而帮助使用者合理管控个人营养摄入。

（三）家政服务机器人

例如，日本发明的一款家政机器人，即便是再乱的房间，这款家政机器人也能将其收拾干净，这款机器人可以通过语音、手势等与人类进行交互，虽然动作非常缓慢，但是房间整理的效果还是不错的。当然，家政服务机器人并不仅限于整理打扫房间等，其功能性已经深入生活的各个方面，在消费人群的消费需求、技术提升等因素的综合作用下，家政服务机器人正越来越多地进入家居环境。

上述，我们分别从居住环境、饮食以及家政服务等三个方面梳理了人工智能在家居场景中的应用，本质上涉及已有设备的数字化智能化、营养健康以及"从无到有"的新的智能设备应用种类的加入。家居作为智能化应用的场景，人们所要做的恐怕便是拓展自身的想象空间。

二、对智能家居生活的社会观察和思考

（一）真实体验缺失

（1）真实体验缺失的表现。在智能家居生活下，由于人工智能的出现，人工智能体不断代替人类家务劳作。例如，扫地机器人越来越多地渗入家居生活中。一方面，人们逐渐失去真实的生活体验。另一方面，虚拟现实 VR、增强现实 AR 等技术的应用，人们越来越多地经历虚拟的劳动体验。例如，微软 Hololens 研发出了增强现实领域的全息瞬移酷炫黑科技，它能将千里之外的 3D 场景实时逼真地展现在眼前！VR 及 AR 技术的发展，人

们不出门便能体验穿衣试用，因此失去了体验的权利或者能力。智慧物流使得人们不用再出去采买物品，甚至连下单都是由人工智能根据人们的需求自动完成。

（2）如何看待这种所谓的"真实体验缺失"？首先，现实中人们对这种体验缺失的担忧并不是没有根据的。其实，如果追溯信息传播技术发展的历史，我们便会发现，当电视作为相对于广播、报纸的"新媒体"而出现的时候，其声画并茂的优势吸引了大批观众，甚至一些人自此沉迷于电视之中，一个标志性的现象便是躺在电视机前的沙发上，手里拿着零食，看着电视，这部分人甚至被喻为"沙发马铃薯"。显然，如果从体验的角度看，这部分人由于电视的吸引，主动放弃了部分社会体验，他们接收的信息多来自电视媒体，电视影响了他们的社会观，学者将这种传播效果称为"涵化效应"。

其次，在智能家居生活环境下，"泛媒化"的发展更使我们失去了体验的必要性。所谓"泛媒化"，即万物皆媒，美国学者凯文·凯利认为"人工智能将激活惰性物体，就像100年前电力曾经做到的那样"。"泛媒化"的一个基本表现便是物体媒介化。物体的媒介化主要是靠安装在其上的传感器，或者物体本身的智能化。也有很多物体将成为信息终端来呈现信息。今天我们说到终端，总会想到电视机、计算机及手机等，而未来这样的专门化终端，将越来越少地出现在我们的生活中，以自然物体面目出现的终端，却会逐步出现并普及。例如，谷歌研发的一款智能布料，便能连接计算机打电话，而且能根据体温发热。此外，随着泛媒化发展，家庭内各种电器的屏幕，当然也可以成为阅读公共信息的终端，而未来固定屏幕的概念甚至会淡化，信息可以用投影、虚拟现实或增强现实等方式飘浮在空间里，或者出现在墙壁、桌面、地板等自然物体上。人们会在更碎片的时间和更多元的场景中消费公共信息。

如前所述，智能家居的一个表现便是家居环境的智能化。它意味着家庭内各种电器或电子设备都可以联网，并且具有一定智能性，可以为家庭内的人自动提供各种人性化的服务。因此，从媒介的角度来看，智能家居也将带来家庭内的一种全新媒介。未来智能家居技术的一个主要目标是通过家居设施与外界的信息交换来提升服务能力。例如，烤箱可以自动下载做甜点的食谱，并按照食谱自动设置烤箱程序。冰箱可以根据存余食品数量和主人生活习惯自动下购物订单。基于此，人们也逐渐失去了体验的必要性。

综上所述，人们日益生活在这种由各种智能设备所提供的虚拟环境中。在 AI 与人协同的时代，我们将会被无穷尽的数字信息所包围。在媒介化传播时代，人与环境的互动关系实际上就发生了巨大变化。人们越来越借助于信息环境或拟态环境与客观环境发生关联，在 AI 传播时代，人们更是嵌入或者沉浸在这种由各种智能设备构建的虚拟环境中。基于此，有的研究者便提出了虚拟环境的"麻醉"问题，从生活到办公，所有的事情都由机器人协助处理，人类是否会日渐沉迷于人工智能及其营造的虚拟环境？

（二）智能家居与家庭建设

（1）人工智能技术对家庭性别分工的影响。随着人工智能技术的发展，智能家居系统的落地应用，以及智能设备智能化水平的提升，传统的由女性或男性承担的工作渐渐由各种智能设备，尤其是家政服务机器人承担，那么在这种情况下便出现了一个问题，即在这种环境下，家庭的社会分工会发生哪些变化？又如何看待这种变化呢？显然，在智能家居生态系统下，从家务劳动中解放出来的不仅仅是女性，同时也包括男性，在人工智能家居生活的影响下，家庭分工差异将渐渐变得不再重要，家庭成员将不再需要在家务工作的分配和承担上分散注意力，可能会更多地把精力放在家庭内在生活质量的建设上。如果以后家庭还是人类社会制度的一种形式，这会真正有利于女性在家庭内取得与男性平等的地位，这种发生在家庭内的社会革命，对社会的影响必将是深远的。

（2）智能家居与社会单身化的趋势。在未来，也许将会有更多的人选择独自生活。数据显示，在英国，独自生活的人数要比总人口的增长速度快10倍。在过去的40年里，单身家庭数量的增长已经超过100%，在英国，相比已婚夫妇，有更多的人过着单身生活。这意味着现在的人将比前几代人多花50%的时间独处。国家统计局和民政部数据显示，中国单身人口已达2.4亿，占总人口的17%左右。学者李银河提出了一个观点："婚姻终将会消亡。"当然，"婚姻未必会真的彻底消失，但未来可能就只有20%～40%的人会结婚，总体呈现萎缩的状态"。克里南伯格曾经探索了单身社会的崛起以及这一现象给我们的社会文化、经济、政治带来的巨大影响。与传统地看待单身现象的观点不同，他认为绝大多数单身者正热忱地投身社会与社交生活中，他们比同龄已婚人士更热衷于外出就餐、锻炼身体，参与艺术及音乐课程、公众活动、演讲以及公益活动。甚至有证据表明，比起与配偶居住的已婚人士，独自生活的人身心更健康。而他们都市公寓的生活方式，相比郊区独栋家庭住宅的生活方式，更为绿色环保。独自生活并不是像传统观点所认为的那样会导致孤独和与世隔绝。

什么原因带来了这种变化呢？研究者理查德认为，原因如下：社会态度的变化使得人们在婚姻之外也可以寻找和获得经济安全、稳定的亲密关系；单身并非一定不快乐，独自居住与孤独和感到孤独之间有很大区别。此外，我们也应认识到，智能化增强了个体能力，这是新的技术对个体的一种赋能。有了AI技术，人们能够做超越自然身体限制的一些事情。人工智能技术作为身体的延伸、替代、拓展，体力机器人可以代替人的体力劳动，脑力机器人能够增强人的思维和记忆智能等，同时，智能社会机器人还能够带来情感陪伴。例如，前面我们提及的法国人Lilly爱上了一个机器人。随着像Siri这样的机器人变得更加健谈，爱上并依恋一台机器的想法也不再显得不可理解。

（三）人工智能与家庭外社会生活：身体残障人士的社会融合

（1）什么是"社会融合"？社会融合确保具有风险和被社会排斥的群体能够获得必要的机会和资源，通过这些资源和机会，他们能够全面参与经济、社会和文化生活，以及享受正常的生活和在他们居住的社会应该享受的正常福利。社会融合不单纯是对社会排斥的反应，社会融合内含过程和目标两方面，它旨在确保所有人能够参与到社会中。因此，融合是一个积极的过程，它通过确保每一个人都不会错失机会进而推动人类发展。社会融合的一个显著特征便是人人享有广泛的机会平等权利和生活机会。

（2）家庭外社会生活与身体残障人士的社会融合。基于社会融合的概念，我们将目光转向身体残障人士以及他们的家庭外社会生活。前述提及家庭内智能家居设施的引入，方便了包括身体残障人士在内的人们的家庭内生活。那么，如果将目光转向家庭外，身体残障人士在某些方面往往被排斥在外。联合国制订的《残疾人权利公约》曾经专门提到，"要能够使残障人士独立生活，充分参与各方面生活，政府部门应该采取适当措施确保残障人士能够跟其他人一样有平等的权利进入物理环境，使用交通工具，使用信息和传播工具，包括信息和传播技术与系统，以及其他一切向整个社会包括城市和农村区域开放的设施和服务等"。因此，在智能生态系统构建的过程中，除应关注家庭内智能生活的社会影响外，还应着重探讨家庭外智能生活的社会影响，应该借助于人工智能技术的落地应用，在家庭外社会生活中充分考虑身体残障人士的社会需求，达到社会融合的目标。

例如，在 2019 年 12 月 3 日第 27 个国际残疾人日前后，北京市劳动模范曹军再次和腾讯云大数据及人工智能产品中心负责人坐在一起，交流合作，希望借助信息无障碍研究和腾讯云的力量，参与腾讯云助力视障开发者计划，让视障者也可以参与到直播之中，利用直播创业脱贫，乃至致富。"视障产品对于云能力的需求主要集中在 AI 能力调用和云服务器两个方面。在 AI 能力调用方面，视障产品较为需要通用印刷体识别、语音识别、图像标签、图片翻译、手写体识别等功能。"再如，北京邮电大学 2019 年第四届"雏雁计划"获选项目中，有些项目便是专注于改善盲人及老年人群体的相关能力，帮助他们更好地融入社会生活中：

面向盲人的智能声控取物装置；

基于模式识别的盲文阅读指套；

盲人之眼；

便携式盲人智能导航系统；

盲人智慧出行小车；

以智能冰箱为核心的独居老人家具系统；

基于物联网的安全出行智能拐杖；

基于大数据的社区养老服务信息整合分析；

针对老年人的智能医疗养护系统；

智能助力老人拐杖；

"爱惦念"——老年人摔倒智能急救设备等。

上述，我们从家庭内、家庭外的社会生活探讨了人工智能家居系统的社会影响。正如《2030 年的人工智能与人类生活》一书所言，"过去十五年中，机器人已经进入了人们的家庭。但应用种类的增长慢得让人失望，与此同时，日益复杂的人工智能也被部署到了已有的应用之中。未来十五年，在典型的北美城市里，机械和人工智能技术的共同进步将有望增加家用机器人的使用和应用的安全性和可靠性"。因此，我们有必要抱着前瞻的态度去思考智能家居环境下的社会影响。

综上，我们在梳理和探讨人工智能对智能家居生活场景下的社会影响时，从三个层面进行了梳理和探讨：一是梳理了在家居场景下有哪些人工智能落地应用，表现在什么方面；二是探讨了这种 AI 技术的落地应用，包括产品的使用对家居生活带来了哪些影响，例如前述提到的"真实体验缺失"以及对家庭内性别分工和家庭成员关系的影响等；三是着重从 AI 如何推动社会发展这个角度，探讨了如何在家居场景下，通过改进和应用相关的 AI 技术来促进社会融合。

第二节　智能出行的社会影响

一、智能出行的发展

（一）自动驾驶的发展

只要提及智能出行，人们往往最先想到的是自动驾驶。2018 年常被视作自动驾驶商业化的前夜。在谷歌开发者大会上，Waymo 透露为保证自动驾驶的安全性，在实验室每天模拟超过 25000 辆汽车的驾驶数据。Waymo 还在会场上展示了其自动驾驶机器的学习能力：将检测行人的错误率降到之前的 1%；增强了在雨雪等极端天气的辨识能力；提升了自动驾驶的感知决策能力。对于谷歌自动驾驶来说，获取更多数据是重中之重。虽然谷歌现在已经积累了庞大的数据量，但是与特斯拉相比，仍然需要获得更多有价值的数据进行更好的算法改进。就国内而言，百度的自动驾驶开发项目"阿波罗计划"于 2017 年 4 月启动，百度在掌握自动驾驶关键所在的数据积累方面先行一步。据报道，阿波龙车身长 4.3 米、宽 2 米，共 8 座，采用整体全弧玻璃，无方向盘。车上搭载的雷达收集道路和周围信息，通过高速无线通信传输，借助人工智能一边解析一边行驶。

显然，自动驾驶的发展将会受到人工智能技术发展的影响，需要 AI 技术的迭代与发展。正如《2030 年的人工智能与人类生活》所说："不远的未来，在用于驾驶的功能方面，感知算法将超过人类的水平。包括视觉在内的自动化感知，在处理识别和跟踪等任务时已经接近人类水平。除感知方面的进步外，随之出现的还有算法的进一步提升所带来的推理和规划能力。有报告预测，自动驾驶汽车将在 2020 年得到广泛应用。而自动驾驶功能的应用也将不局限于个人交通。我们将看到自动驾驶汽车和远程操控的运载车辆、飞行器和自动驾驶卡车。基于用户共享的交通服务也将充分利用自动驾驶汽车。此外，机器人技术的进步将更有利于其他类型自动驾驶设备的创造和应用，包括机器人、无人机等。"上述报告不仅谈到了自动驾驶的发展，同时也谈到了接下来将要谈及的基于用户共享的交通服务等。但在现有人工智能技术背景下，自动驾驶的安全性问题随着一些个案的出现也广受人们关注。例如，据报道，2018 年 3 月 18 日，网约车巨头 Uber 的无人驾驶测试车在美国亚利桑那州坦佩市，撞倒一名行人并致其死亡，这是涉及自动驾驶汽车的首例行人死亡事件。

（二）智能即时交通

如上所述，智能出行并不仅仅指的是自动驾驶，以 Uber、Lyft、滴滴出行等为代表的即时交通也是智能出行的一部分，在国内外，从数字经济商业模式角度，人们又将其称为共享经济模式。例如，拼车是近年来中国共享风潮下所出现的新的出行方式。滴滴出行 2019 年 11 月 29 日发布的数据显示，其拼车业务自上线以来，已累计有 29 亿人次使用过拼车，最近一年累计行驶 45 亿千米。其每一次实现拼友间的成功匹配，平均需要额外进行 18.6 万次匹配计算。结合每天超过 400 亿次地图路径规划请求，每日处理数据超过 4875TB。目前滴滴利用深度学习模型，建立实时供需预测系统，致力于让多个乘客顺路同行的路线匹配度更佳。经过算法的不断优化，如今拼车的平均绕路时间已比去年减少30%。正如《2030 年的人工智能与人类生活》中所说："Uber 和 Lyft 等即时交通服务已经涌现成为传感、连接和人工智能的另一项关键应用，这些技术可以使用算法根据位置和合适度（声誉模型）来匹配司机和乘客。通过动态定价，这些服务可以通过支付意愿进行配给，动态定价还有利于估计司机数量的增长，这已经成为城市交通的一种流行的方法。随着它们的快速发展，一些政策和法律问题相继出现，比如和已有的出租车服务竞争以及对缺乏监管和安全的担忧。按需交通服务似乎很有可能成为自动驾驶汽车的主要推动力。拼车和驾乘共享一直以来都被视为有希望缓解交通拥堵的方法，而且能更好地利用个人交通资源。"

如上所述，智能即时交通在 AI 技术的加持下成为一种新的业态，通过使用算法根据位置和合适度等因素来匹配司机和乘客，优化价格、线路以及服务等，同时也有助于缓解既有交通资源紧张的状况。

（三）智慧交通管理

例如，2018 年 4 月，华为在北京市交管局的指导下，在北京海淀区上地三街与上地东路交叉路口，率先开展利用 AI 算法实现信号配时优化和时段自动划分的试点应用。第三方公司评估报告显示，上地三街车流主方向（东西方向）平均延误下降 15.2%，平均车速提升 15%。由于主干线路上的优化效果显著，附近两条支路上的通行效率也明显获得改善，报告显示支路的平均延误时间降低了 10%～20%。而这些成果的背后，是一项人工智能技术与交通工程理论结合的解决方案——TrafficGo 交通控制优化方案。华为 TrafficGo 方案既能保证严格遵守已有交通工程理论的约束，又能探索区域信号综合协调优化创新方案，解决了手工配时的缺陷，也很好地释放了交通道路的通行潜力，最大化利用了资源。据统计，北京每年交通拥堵带来的直接、间接经济损失高达数千亿元人民币，大概占北京

GDP 的 5%，并且由此引发的空气质量、摩擦纠纷等问题，影响了千万市民的生活质量，已经成为一个不可忽视的社会问题。在此种背景下，基于人工智能技术的智慧交通管理，便体现出了技术优势。

2018 年 10 月 18 日，在世界智能网联汽车大会上，百度公司创始人、CEO 兼董事长李彦宏，针对现代城市的交通拥堵、停车难及交通事故频发等问题，提出了 AI 治堵的方案，他认为："随着人工智能技术的进步，汽车越来越智能，以及我们相应基础设施的升级和换代，拥堵的状况应该是可以得到大幅度改善的。"为此，百度已与北京市交管局合作，利用轨迹大数据设立智能信号灯。在饱受拥堵困扰的上地后厂村路段进行测试，对信号灯路口车流、路口各方向延误情况进行分析，智能调整路口绿灯放行时间，使该路段于尖峰时刻的拥堵数值降低 14%，等同于为每辆车每天上下班节省约 8 分钟的时间。对于一个上班族，意味着一年里多出了相当于 4.5 个休息日的时间。此外，交通事故是城市交通的另一个"痛点"。每年有 130 多万人死于交通事故。李彦宏表示："自动驾驶时代的到来，大大地减少这一方面事故的发生，也包括我们对于疲劳驾驶的智能检测和对司机的提醒。"随着人工智能时代的到来，AI 正在逐渐构建起智能的交通体系，当人、车、机构、服务形成智能闭环，城市交通的问题也有望得到逐一破解。

（四）智能出行

这主要体现在智能行程管理方面。当某种出行方式过于拥挤时，个人出行管理 App 将为你制订新计划，包括乘坐联网和自动驾驶汽车前往目的地。汽车互联技术使交通系统、道路、基础设施和智能设备互联，并及时处理大量数据，使车辆能够实时响应外部变化，以避免潜在的危险，如闯红灯、车辆超速和急刹车以及道路拥堵等问题。

上述，我们按照出行的逻辑顺序依次介绍了人工智能在自动驾驶、智能即时交通、智慧交通管理以及智能出行方面的应用。未来，在智能车联网发展的背景下，汽车便会成为流动化、场景化的新媒介的代表之一。

（五）车联网下的汽车：流动化、场景化新媒介的代表

在人工智能技术赋能下，汽车正在成为新的媒介。在汽车领域的物联网（车联网）等技术的影响下，汽车在信息采集、传播方面具有独特的价值，将是未来一种重要的媒介。作为一种新的媒介的汽车及车联网，将实现车与人、车与车、车与环境、车与公共信息系统等各个层面的信息交互。汽车不仅是流动化媒介的代表，也是场景化媒介的代表。也就是说，它是围绕"车的运动"这样一个特定场景来进行信息的采集与交互的。

二、智能出行中的社会影响

（一）智能出行、年龄差异与普惠出行

随着我国人口老龄化加剧，老年人已成为我们社会中的重要群体，也是交通运输行业

重要的服务对象。基于前述人工智能在出行领域的应用，我们首先可以思考的一个问题是：智能出行的一些设备或者设施是普惠式的吗？对此，我们恐怕难以得出一个肯定的答案。例如，滴滴发布的《老年人出行习惯调查报告》显示，50 ～ 70 岁更容易产生出行难问题，根据数据，一半以上的老年人会乘坐公交车出行，不到20%的老人会乘坐地铁出行，但是出门打车的老年人占比不到10%，且他们多数以扬招的方式叫车，会用软件的老年人仅占3%左右。究其原因不外乎是：不会用。老年人似乎成为被智能出行排斥的对象。对此，滴滴出行上线了"老人打车"服务，儿女可远程叫车。用户需要在滴滴出行中开启敬老版，填写老人的基本信息，包括姓名、手机号以及紧急联系人，叫车时老人只要一键点击儿女为其提前输入的一些常用地址就能呼叫车辆了，几乎没有学习成本。显然，智能社会智能出行的路上，老年人群体不能缺席，这也是我们前述的社会融合的一个重要方面。上述案例给我们显示了如何从技术角度来解决这一社会问题的可能性，当然，我们也需要意识到老年人在使用新技术时的群体心理。总体而言，他们往往对于新的技术有一种恐惧心理。在这方面，除上述技术角度的解决方案外，如何化解老年群体对新技术的这种恐惧心理，也是需要我们进一步思考的。

（二）网约车车内空间的社会属性

作为新生事物，智能即时交通中网约车车内空间的社会属性成为人们争议的议题。在实际运行过程中，因为对车内空间属性的认识不同，也导致了社会纠纷的发生。例如，下述四个案例：

案例1.

拼车时，郭女士遇到了吃早餐的李先生，韭菜包子的味道很难闻，郭女士向平台投诉李先生影响拼友乘车。

拼友李先生："我不知道她那么介意啊，早晨上班来不及，只能在车上吃。"

案例2.

罗先生打车时带着爱犬，却因爱犬拉布拉多体形过大被拒载。罗先生因此投诉车主赵师傅无故拒载。

车主赵师傅："太大的狗容易弄坏真皮座椅，掉下的狗毛还可能引起后面乘客过敏，有纠纷说不清楚。"

案例3.

吴先生忙了一天很累，上车后脱了鞋，并把脚搭在副驾驶靠枕上想好好放松，但被车主张师傅投诉行为不当。

乘客吴先生："我花钱打车，就想在车上好好休息一下，为什么不行呢？"

案例4.

王先生打车时发现 App 弹出了录音录像授权提醒。他觉得这侵犯了自己的隐私，于是致电平台投诉。

乘客王先生："车内是私人空间，为什么要录音？"

正如上述四个案例所体现出来的，拼友之间以及司机与乘客之间争议的焦点便是对网约车车内空间社会属性的界定，即车内空间到底是公共空间还是私人空间？"滴滴公众评议会"曾对此做过一次网络调研，结果显示，支持公共环境观点的人数要高于支持私人空间的观点。多数观点认为："网约车和公交地铁一样，司乘应举止文明，互相尊重""饮食与携带宠物影响车内环境，但需接纳导盲犬""录音录像有助于还原现场取证，震慑不文明行为"。

空间与社会关系紧密相关。公共空间和私人空间的划分意味着不同的社会行为及规范是随着空间的改变而改变的。较之私人空间，公共空间通常被认为更具有可接近性。公共空间对"所有的社区成员开放"，而私人空间则限于"以家庭和私人网络为主的初级群体中的亲密关系"。由上述界定可知，在因拼车等新型出行方式而形成的网约车车内空间更多地应该被视为公共空间，但是，上述案例中有的拼友则通过自己的使用行为将社会公共空间私有化了，正如案例1中，拼友在车中旁若无人地吃气味大的韭菜包子，影响了车内其他拼友。这种对于车内空间性质的不同认识带来了冲突和矛盾。

（三）网约车、流动人口的可持续性生计与数字劳动

（1）理解"可持续性生计"

从最简单的意义而言，一种生计便意味着生活的一种方式。就"可持续性"而言，人们常常从环境和社会两个角度进行思考：一是从环境可持续角度而言；二是从社会可持续角度而言。可持续性生计意味着能够应对各种压力和冲击，并能够将这种能力持续保存下去并得到提升。我们在此着重从社会层面，探讨智能出行中流动人口的可持续性生计问题。社会可持续性关注的往往是个体或家庭承受外部压力的内在能力，它强调个体或家庭在面对生计环境变化时，构建并维持充足和体面有尊严的生计的能力。从正面而言，表现为个体或家庭主动面对生计环境状况，适应、开发和创造生计活动；从负面而言，表现为个体或家庭被动应对生计压力和冲击时的反应。

可持续生计理论是在联合国环境和发展大会上提出的。有研究者对"可持续性生计"做了明确的界定：

一种生计包含着各种可行能力、资产（存货、资源、债权和近用权）和谋取生活所要求的各种活动。这种生计应该是可持续的，这意味着能够应对各种压力和冲击，并且从这种压力和冲击下复原，维持或提升自身的各种可行能力和资产，能够为下一代提供可持续生计机会，同时在短期和长期水平上依据当地和全球水平为其他生计活动提供净收益。

无论是可行能力，还是平等、可持续性，它们既是生计的目的，也是生计的手段。基于上述对于可持续性生计的界定，有研究者提出了可持续性生计框架。

资产可以分为有形资产和无形资产。其中，有形资产包括各种储备物和资源。储备物包括食物、有价资产（如金饰品、珠宝，现金储蓄）等。资源包括土地、水、树木和牲畜，

还包括农业设施、工具和家用器具等。无形资产包括各种社会支持网络和近用权。其中，社会支持网络包括寻求各种物质的、精神的，以及其他实际的支持或近用的需求和请求。此处所指的支持可以包括多种形式，比如事物、贷款、礼物或者工作等。这种社会支持网络常常被用在有压力冲击或者其他各种紧急情况下。寻求社会支持的对象可以是个体或者是机构，他们可以寻求亲戚、邻居、赞助者、社会群体、社区、各种非政府组织、政府、各种项目实施机构的支持等。使用或近用权利是指实际使用某种资源、服务或者获得信息、物质、技术、就业、食品、收入的权利。"服务"指的是交通、教育、健康、消费和市场。信息包括各种延展的服务，收音机、电视和报纸等。正是基于这些有形和无形的资产，人们运用体力劳动、技能、知识和创造性等来构建自身的生计方式。

（2）网约车政策与流动人口的可持续性生计

网约车是网络预约出租汽车的简称。如上所述，网约车政策关涉一些人使用网约车作为生计工具的权利。

对于流动人口或移民而言，他们总是结合自身已有的能力，已有的物质、金融、社会等资本/资源构建其自身的生计活动，在人工智能技术应用的背景下，智能即时交通给他们提供了新的生计选择空间，给他们提供了基本的生计，但是这种生计活动往往具有脆弱性，容易受到政府的管理政策、平台政策等因素的干扰，这种生计的可持续性成为上述流动人口或移民的生计问题。由此可见，对于这种新的智能出行方式，思考它的社会影响，流动人口或移民的可持续生计是一个值得持续关注的视角。

（3）网约车工作与批判主义视角下的数字劳动

首先，就资本增殖而言，要么延长劳动者工作日来生产绝对剩余价值，要么缩短必要劳动时间来生产相对剩余价值。显然，数字技术包括 AI 技术的发展通过模糊工作和休闲时间、劳动和休闲的界限客观上延长了工作时长。上述 Uber 公司对于公司员工的剥削主要通过延长工作时长，但不是以明确规定加班时间的方式。从表面来看，不存在强迫加班，但是公司的绩效考核、同事竞争、生计压力等潜在压力迫使员工不得不过度劳动，用生命力换取生产力。同时还有隐形工作。最终结果就是数字劳动者的平均工作时间和无偿劳动时间都趋于增加。如上述案例所示，网约车公司在获得利润的同时，网约车司机的生计却面临着可持续性问题。对此，印度计划将 Uber、Lyft 及 Ola 等叫车公司的佣金上限设定为车费的 10%。这是印度政府第一次考虑对此类公司收取的佣金进行监管，目前这类公司收取的佣金约为车费的 20%。这是数字技术包括 AI 技术发展应用背景下的数字劳动现象。通过监管限制网约车平台公司的佣金比例，调解网约车平台公司利润和流动人口，或移民的网约车司机的可持续性生计之间的紧张关系。

其次，数字技术的普及与成熟催发了一种现代病即"手机依赖症"，症状表现为把手机视为安全感的源泉、高频率解锁手机接收最新消息、手机没电关机时会觉得焦虑心慌等，这些心理状态反映出数字技术对人精神的影响，智能手机俨然成为"21 世纪的鸦片"。尤其是对于上述网约车司机而言，更是须臾离不开手机，手机已经成为网约车司机的劳动工具。移动设备作为工具理应被人控制，受人支配，但随着工具的触角遍布工作生活，人对工具的依赖性激增，人发展成被控制的对象，与工具相异化。此外，人耗费脑力和体力劳动所创造出来的劳动产品最终被资本家占有，生产的越多失去的越多，也就越贫困，劳动产品处于劳动者的对立面，人与自己生产的劳动产品成为异己关系。

上述，我们基于可持续生计框架分析了网约车政策对流动人口的可持续生计的影响，同时批判地指出，虽然网约车是一种基于新的智能数字技术的新劳动形式，但仍会造成界限消失下的人的异化现象，这种数字劳动及其社会影响值得我们警惕。

第三节　智能社会的 AI 与工作

一、人工智能对工作的影响

论及人工智能对工作的影响，我们可以从以下两个方面来讨论。

（一）人工智能对工作影响的表现

技术的冲击将会给社会带来剧烈的变革。目前 AI 水平还在初级阶段，但是已经在多个领域作为人工的替代或辅助的角色而存在，并且对劳动关系产生了影响。在人工智能技术影响下，智能社会渐趋萌生，一是工作需要有劳动力去做，因为现在社会生育率下降，社会面临着劳动力不足的困境，人工智能能够作为新的劳动力的补充来源；二是人工智能又替代了一些就业岗位，使得一些人面临着失业的风险；三是一些企业尤其是高科技企业，通常在员工管理上运用人工智能，人工智能又被称为劳动力强化工具。下面我们分别从三个方面来探讨人工智能对工作影响的表现。

（1）作为劳动力的人工智能

目前中国人口发展态势已经进入新的发展阶段。中国人口总量增速面临下行压力，或将处于持续的低增长状态，年均增长率甚至可能低于当前 0.57% 的水平。在"二孩"政策推动下，生育率也仅是出现了短暂的回升。尽管劳动力总量还在增长，但劳动力占比趋于下降，年轻劳动力紧缺可能加剧。因此，中国人口发展面临着出生人口持续下降的趋势，同时，老龄化加速发展也导致了劳动力供求关系更趋紧张。

一方面是中国劳动力人口下降，导致劳动力人工供给的紧张，另一方面是由于中国经济社会的发展，新一代劳动力人口对工作的要求越来越挑剔。例如，以代工 iphone 生产而享誉业界的富士康公司近年来频频遇到招工难问题，除员工嫌基本工资低，每天十一二个小时的工作强度大，生活节奏单一，导致员工满足感低以外，新一代劳动人吃苦精神弱化，不再愿意承担工作单一、劳动强度大的工作也是其中一个重要原因。正如一篇报道所指出的，"用工成本不断上涨，年轻人逐渐厌恶枯燥的生产线工作等因素正在改变这一状况，促使许多公司在生产自动化方面投入巨资"。因此，在这种背景下，富士康启动了机器人生产线，将工业机器人作为人力的一个替代品，据报道，2011年，富士康CEO郭台铭宣布"百万机器人计划"，计划投入100万台机器人到生产线上，此前富士康自主研发的"Foxbot"机器人开始在山西晋城批量制造，正式成为富士康的一员。

（2）作为替代劳动力的人工智能

如上所述，一方面，一些企业因为招工难，不得不被动地将人工智能作为劳动力；另一方面，一些企业也在主动地有步骤地将人工智能作为劳动力的替代。

作为替代劳动力的人工智能显然在提升生产效率，从事危难险重工作上具有人类劳动力不可比拟的优势。以往的一切生产工具都只是人的四肢的延长，它们只是替代和延伸了人的体力。机器人不仅是人的四肢的延长，而且是人的大脑的延长，它不仅替代了人的体力，而且在某种程度上替代了人的智力，这是以往的一切生产工具所没有的。因此，机器人在物质资料生产的领域内能够在比较完全的意义上代替人进行直接生产过程的操作。这样，机器人的出现就把人从直接生产过程中，从直接的物质资料生产中完全地解放出来了——人在物质资料的生产中获得了自由。如此，"劳动表现为不再像以前那样被包括在生产过程中，相反地，表现为人以生产过程的监督者和调节者的身份同生产过程本身发生关系"。例如，据报道，大批机器人成武钢"新员工"。用机器人代替人工操作，可提升本质安全，从源头上消除安全生产事故风险。类似于这样的机器人，在武钢有限的"智慧安全生产清单"中，已入役30台，此后还将有107台机器人上岗。它们代替人类坚守高危岗位、从事高危工作。在智慧安全生产方面，以"机械化换人、自动化减人"为手段，以提升安全本质化水平和生产效率为目标，逐步减少、改善风险大、环境脏、重复劳动岗位、工序，成为武钢转型升级的必由之路。冷轧厂捞锌机器人项目负责人曾劲松高兴地说："这台'勇敢又聪明'的锌锅自动捞渣机器人上岗后，原本辛苦且充满风险的捞锌渣作业，变得轻松安全了，我们一下子从'蓝领'变成了'白领'。"

据报道，英国广播公司依据被机器代替的可能性对职业进行了排序，被取代可能性最高的职业分别是电话销售员、财务客户经理、检测员、保险员等；被取代可能性最低的职业分别是中等教育教学人员、心理师、治疗专业人员、酒店和住宿经理等。《2017人工智能影响力报告》显示，在AI相关话题领域中，人们最为关注的还是跟自己切身利益相关的生计问题，包括自己的工作是否会被取代等。这都显示出作为替代劳动力的人工智能对工作的影响。

（3）作为劳动力强化工具的人工智能

人工智能可以作为劳动力从事工作，还能够替代人类从事某些工作，此外，人工智能在一些企业也被用作劳动力强化的工具。

（二）人工智能对工作影响的结果

前述，笔者论述人工智能对工作影响的三大表现，分别是人工智能作为劳动力、人工智能作为劳动力的替代以及人工智能作为劳动力强化的工具。那么，这种影响会有什么样的结果呢？下面笔者逐一对人工智能与失业、就业和创业的关系进行探讨。

（1）人工智能与失业

其一，人工智能或智能机器人能够造成劳动力的大量失业吗？为此，我们首先得弄清楚到底什么是"失业"？失业是指具有劳动能力的人希望但找不到劳动或工作岗位，无法实现自己拥有的劳动力的价值。失业有多种类型，包括正常性失业、结构性失业、季节性失业和技术性失业。此处与人工智能最为直接相关的是技术性失业，是指引进节省劳动力的技术，代替人力劳动而导致的失业，在 AI 时代指的是被智能自动化替代而造成的失业，更多表现为机器对劳动力的替代。比方说，与客户关怀／呼叫中心、文档管理、内容审核相关的任务和活动将越来越依赖技术和智能系统。生产线和工厂运营和支持相关的工作也正在被能够安全在空间内走动、寻找和搬动物体（比如产品、部件或者工具等），并执行复杂装配操作的智能机器人所替代。例如，近三年来，京东对外频繁公布的无人仓、无人卡车、无人配送站、无人机等研究成果，也向公众展示了非常多的机器人产品。机器人已成为京东物流的核心。

其二，既然人工智能作为劳动力能够取代某些工作从而造成技术性失业现象，那么人工智能或智能机器人能够导致劳动力的大量失业吗？对此，两位经济学者詹姆斯·亨廷顿和卡尔·弗雷则给出了可怕的预言：AI 系统将会大大减少工作岗位。浙江大学机器人研究中心副主任朱世强表示，产业转型升级、劳动力成本提高给"机器人劳动力"带来了巨大市场需求。"在衣食住行、文化、教育、娱乐、医疗等领域都会有越来越多的机器人的身影，'机器换人'是大势所趋。"机器人和智能设备技术越来越成熟，机器人已走进众多行业，逐渐取代人工劳动，甚至某些领域机器人完成工作的速度和质量已超越真人。

此外，我们之前对 AI 和技术性失业的有关讨论通常都专注于传统上被认为是低收入的岗位，如制造业、卡车运输、零售或者服务工作，但研究表明，未来各行各业都将受到影响，其中包括需要专业训练或者高学历的专业工作，如放射学或者法律。霍金警告称，"工厂自动化已经让众多传统制造业工人失业，人工智能的兴起很有可能会让失业潮波及中产阶级，最后只给人类留下护理、创造和监督工作……（自动化）加速扩大全球范围内已经日益严重的经济不平等，互联网和各种平台让一小部分人通过雇用很少的人获取巨大的利润。这是不可避免的，这是一种进步，但也会对社会造成巨大破坏"。在霍金看来，人工智能和日益发展的自动化将会大量取代中产阶级的工作，导致社会更加不平等，甚至有可能引起严重的政治动荡。

由上述对"失业"概念和失业类型的介绍，我们可以看出，在造成失业的类型中有种"技术性失业"，也就是说由于技术的发展，机器代替人力造成某些工作岗位上的劳动力失业。无论是人工智能被动地填补人类劳动力缺失的空白，还是企业主动地用人工智能替代人类劳动力，人工智能作为技术，因其不断发展而带来的对人类劳动力的替换，造成人类劳动力的失业现象是客观存在的。

其三，如何看待人工智能带来的失业现象？

首先，从历史和现实的维度来看，这是一个历史现象，机器代替人早已有之，而不是从今日始。在第一次工业革命中，随着各种机器的出现，也曾经出现过"机器吃人"的现象，因此，回顾技术和社会发展的历史，能够帮助我们冷静理性地看待人工智能对劳动力的替代现象，否则便会失之于盲目和悲观。正如下面这个故事所设想的充满悲观主义的色彩。

在 21 世纪 30 年代的某一天，一群探险者进入一座废弃的城市，这座昔日繁华的工业城市如今变成了一堆废墟。在这些废墟中，他们遇到一位老人——这座城市的唯一的幸存者。老人讲述了城市的故事，原来这里曾经是一个人工智能非常盛行的城市，于是城里唯一的工厂陆续将工人解雇，换成机器人。结果，城里人都慢慢饿死了，而工厂也因其产品卖不出去，破产了。于是城里的人都搬的搬，死的死，工厂的老板追悔莫及，最后自杀谢罪。城里只剩下老板的儿子还活着，也就是这一位孤独的老人，让故事中的探险者有机会听到这个故事。

其次，从动态和静态的维度来看，这是一个过程，因为技术的发展也不是一蹴而就的，并不是一下子就完全替代全部的劳动力。我们曾简单介绍了人工智能发展的历史，从中可以看出，人工智能的发展并不是一帆风顺、一蹴而就的，经历了起起落落，即便是在号称人工智能浪潮的当下，人工智能离理想状态还差得很远。这注定了人工智能对人类劳动力的替代只能是动态的过程，在某些人工智能强于人类智能的方面，替代部分工作。例如，我们前面所提及的流水线上的工作、重复性的单一的工作等，这些工作或者职业显然是最先受到影响的，但这只是一小部分人，从人工智能动态发展的过程来看，我们就不再只会夸大这种威胁。有些观察者往往是从静态的观点，用未来可能发生的事情来看待人工智能的影响，那么便可能夸大人工智能的威胁。

例如，据报道，AI 的快速进步让许多人担心起自己的工作来，数百位机器学习专家甚至还给出了预测，他们认为 45 年后 AI 就能全面胜过人类。不过，苹果联合创始人沃兹尼亚克并不这么看，他认为机器人接管人类工作的过程相当漫长，至少要持续数百年。沃兹称，"那些认为机器人将抢走我们工作的想法我可不买账。怎么说呢，要想让世界上所有的机器人自由交流，必须对现有的基础设施进行翻天覆地的改革，我们生活中的每个环节都需要改变，这个过程恐怕得花数百年"。沃兹坦言，技术的发展正在"消灭"一些工作，他认为汽车工厂就是最好的例子，但在沃兹看来，这更像是一种转换。"从古至今，社会的发展都需要平衡，每个人都会有工作。因此，现有岗位的消失不代表未来不会有新工作诞生"。沃兹表示："所以，我一直很乐观。机器和技术的进步让我们的生活不断优化，物质水平持续提高。"未雨绸缪总是很好的、有必要的，但也没有必要杞人忧天。

再次，从局部与整体的维度来看，这并不会是一个全部替代的过程，有些职业或者说有些工作，人工智能还是无法替代的。人类劳动力仍然需要保留，因为有许多的基本人类特质是很难编程实现的。例如，游戏设计师西莉亚皮尔斯表示："实话说，计算机并不是很聪明的，它们实际上只是巨型计算器。它们能够做的事情都需要逻辑运算，但是逻辑只是人类思维的一部分。"因为情感、创造力、辨别力和批判性思维等的存在，人类将继续担任有用的工作。因此，就目前的人工智能技术发展现状而言，最初所解放的大多是人的体力劳动，思维、想象、情感表达等目前是不会被机器所取代的。当然，随着技术的发展，未来它可能涉及的工作领域会更抽象、更主观。

此外，从技术与社会的维度来看，在考虑人工智能对工作和经济生活的影响时，要考虑社会及其发展这个变量。有不少人工智能的研发者、观察者往往只是从技术本身的角度来看待，却有意或无意地忽略了技术在发展过程中，社会这个变量的作用。技术在塑造影响社会的同时，也在接受着来自不同社会文化环境的影响。

最后，从消失和创造的维度来看，这是一个扬弃的过程，随着技术的发展，某些职业或工作消失了，这是一个正常的历史现象。例如，工业革命前曾经有一份叫"敲窗人"的工作，每天负责用一根长棍子敲打客户的卧室，以准点叫醒订制这个服务的人。1847年法国发明家安东尼·勒迪耶发明可调节的机械闹钟后，这个职业很快永久消失了。同时，技术的不断发展也会创造出全新的工作或职业，而这为人类提供了新的机会。例如，据报道，伦敦大学学院科学技术系的研究人员 Maggie Aderin-Pocock 博士预测，房地产中介、汽车销售员、交通管理员甚至老人和儿童看护等工作都将在50年内被人工智能机器人所取代。在这篇报道中，Maggie Aderin-Pocock 博士虽然认为人工智能未来将替代某些工作，但是也指出了随着人工智能的发展，它必将会创造出一些新的工作岗位。例如，她预测未来50年许多人会转而从事旅游业，空间旅行会得到普及和发展。随着一个行业的生产力的提升，新行业也会诞生，因而会产生新的劳工需求。

又如，在人工智能领域，依然能够找到工作，而且薪酬不菲。就业网站 Glassdoor 发布数据显示，AI 领域当前的招聘职位，平均年薪约为111000美元，是美国全职员工基本工资的两倍多，后者每年为51000美元。Glassdoor 的首席经济学家安德鲁·张伯伦说："AI领域已经开始带动销售、营销、项目管理、金融服务，以及各种我们没想到的新技术岗位的增长。机器肯定不是独立工作的。"由于 AI 的发展，出现了许多新的工作，而且这些工作并不都严格限制于技术领域。例如，在用户体验方面的工作通常需要有艺术或设计背景。甚至有"聊天机器人广告文案"这样的工作。张伯伦表示，很容易看到 AI 正在"摧毁"某些工作岗位，同时这份报告显示，也有些工作正在被创造出来。综上，人工智能技术在发展过程中，会消灭一些工作，打破旧的工作格局，同时也会创造新的工作岗位。

（2）人工智能与就业

我们在分析人工智能与失业现象时，就部分谈及了人工智能在"消灭"一些工作岗位时，也在创造着一些新的工作岗位。根据国际机器人联合会的研究，每部署一个机器人，将创造出3.6个岗位。中国电子学会研究发现，每生产一个机器人至少可以带动机器人的研发、生产、配套服务、品质管理、销售等劳动岗位，相关行业带动的都是新就业方向。人工智能作为新一轮产业变革的核心驱动力，将催生新的技术、产品、产业、业态、模式，随着人工智能的发展，在产业形态上，我们可以将其分为核心业态、关联业态、衍生业态。

人工智能产业的核心业态主要分为智能基础设施、智能信息及数据、智能技术服务、智能产品等；关联业态主要有软件产品开发、信息技术咨询、电子信息材料、信息系统集成、互联网信息服务、集成电路设计、电子计算机、电子元器件等；衍生业态主要有智能制造、智能家居、智能教育、智能交通、智能医疗、智能物流等细分行业。随着制造强国、网络强国、数字中国建设进程的加快，在制造、家居、金融、教育、交通、安防、医疗、物流等领域对人工智能技术和产品的需求将进一步释放，对相关人才的需求也会越发强劲，创造出大量新的就业岗位。

总之，我们要看到人工智能创造就业方面：一是通过新的 AI 产业的发展，创造全新的就业机会和工作岗位；二是通过传统产业和行业的数字化、智能化提升改造给具有相关 AI 技术的人才提供广阔的就业机会。

（3）人工智能与创业

Nanalyze 结合 Crunchbase 和 CB Insights AI Top 100 的数据，列出了世界上十大 AI 创业公司，其中今日头条（字节跳动）、商汤、优必选、旷视、云从五家公司上榜。例如，成立于 2012 年的中国初创企业今日头条从红杉资本等公司筹集了 31 亿美元的资金，成为目前全球最大的人工智能初创企业，也是估值最高的企业。今日头条是北京公司字节跳动的新闻聚合平台，专注于中国市场，使用人工智能来管理用户的新闻推送和自主撰写新闻报道。虽然在世界其他地区，Facebook 似乎是最近人们首选的新闻渠道，但在中国，这家本土公司正在为数亿寻求新闻订阅的人提供服务。总之，AI 技术的发展给那些有创业想法的人提供了新的技术和市场契机。

二、人工智能影响下的行动策略

（一）从意识上正确认识人工智能对工作的影响

对此，我们前面已有论述，从历史和现实、动态与静态、局部与整体、技术与社会、消失与创造等五对关系的角度正确认识人工智能对工作的影响，否则便会失去对人工智能影响的客观评价。此外，人工智能并非像很多电影中描述的那样是让机器人变得越来越聪明，具有超越人类的能力，最终摆脱人类的掌控从而接管整个世界。"我们应该做的是思考如何让 AI 更好地服务社会、改善社会。"今天大多数工厂里的机器人还在执行着简单重复性的工作。一旦使用人工智能，相当于给机器人装上"眼睛"和"耳朵"，它们可以像人和动物一样感知周边环境并进行互动。当然，我们并不能满足于此或仅仅止步于此，必须在认识到这种客观影响的前提下有所行动，有针对性地开展社会行动。

（二）就个体而言，积极转变自身，保持学习的意愿和能力

尤其是对于那些受到影响的工作者而言，人工智能在替代一部分劳动力的同时，也在创造着新的工作岗位，这对于有着工作动机的人而言是个契机，我们需要做的是保持学习

的意愿和能力，实现自身的能力转型。当然，也许会有一部分人，限于年龄等原因已经无法再实现转型，那么，社会应将这部分人纳入社会保障的范畴。

（三）就社会而言，应积极采取针对性措施

（1）政府统筹对因技术失业人群进行职业培训。如果机器人开始和人类竞争工作，人力资源的分配也将迎来变革。正如前述，对于那些受到人工智能影响而失业的人群，除自身保持学习的意愿和能力外，政府在其学习方面应该积极给予协助。政府不仅需要关注失业率，同时也需要规划为失去工作的人提供培训和再就业的机会。

（2）征收"机器人税"。在法国总统大选中，社会党候选人哈蒙虽然竞选失利，但是在他所提出的一些施政方案中，有一条提及，在税收方面针对自动化取代人工的现象，创设一项"机器人捐金"。就这一点而言，在企业中使用机器人取代工人，所导致的不是一名或者若干名相应职位工人的下岗，而是社会的总就业岗位和就业机会的减少。如果说企业通过采用机器人取代自然人而增加了盈利，那么就社会而言则是总的就业机会减少而增加了社会的风险。即随着人工智能时代的到来，越来越多的机器人逐渐取代了人类的工作，虽然提高了生产效率，为公司降低了成本，但也导致了成千上万人的失业，同时政府也会面临税收减少的窘境。在失业率不断增加的同时，政府将需要更多的资金用于福利项目的建设。因此向企业征收"机器人税"也有合理之处。目前还没有一个国家正式征收机器人税，各国政府、经济学家和技术专家仍在争论这种税的利弊。

第四节　人工智能与智慧休闲

一、理解"休闲"

工作和休闲往往是人类生活的两个重要组成部分。"休闲"是社会学研究中一个非常重要的主题，尤其是随着人们闲暇时间的增加，休闲变得越来越重要。休闲活动自古有之，20世纪90年代末以来，休闲成为中国社会关注的热点之一。可以说从休闲的角度而言，我们已经进入普遍休闲的社会。

什么是"休闲"（Leisure）？关于休闲的含义，众多的学者从哲学、社会学、人类学等学科视角给出了各具特色的解释。在西方，古希腊哲学家亚里士多德被认为是最早研究休闲的学者，他把休闲誉为"一切事物环绕的中心"，并认为"休闲是科学和哲学诞生的基本条件之一，只有休闲的人才是幸福的"。马克思提出了自由时间理论，认为休闲就是"非劳动时间"，他用"Free Time"来指代"休闲"。凡勃伦认为休闲的内涵是"对时间的一种非生产消费"。瑞典天主教哲学家皮普尔在《休闲：文化的基础》一书中，指出休闲是人的一种思想和精神的态度，不是外部因素作用的结果，也不是空闲时间的结果，更不是游

手好闲的产物。杰弗瑞·戈比认为，"休闲是从文化环境和物质环境的外在压力中解脱出来的一种相对自由的生活，它使个体能以自己所喜爱的、本能地感到有价值的方式，在内心之爱的驱动下行动，并为信仰提供一个基础"。从上述几种经典的关于"休闲"的界定中，我们看出休闲可以指的是时间，也可以指的是思想或态度，还可以指的是方式。

二、智慧休闲：人工智能对休闲活动的影响

根据论述需要，本书将涉及休闲的技术要素分为两大类：一类是休闲的外部技术要素；另一类是休闲的内部技术要素。休闲的外部技术要素主要是生产（工程）技术要素，这一部分可以按东北大学陈凡教授的分类，将之分为经验形态、实体形态和知识形态，陈凡教授的分类主要是针对生产领域而言。休闲的内部技术要素，本书主要是指经验形态的技术要素，也就是在休闲活动中存在的涉及具体活动开展的技能和技巧。

（一）人工智能休闲活动中的内部技术要素

这主要是指休闲活动中涉及的各种技巧、技艺和经验，操作各种休闲器械时的具体流程和方式等。阿尔法狗（AlphaGo）是个很好的例子，通过编程，人类将围棋的知识技术植入智能机器人大脑中，通过与棋手的对弈，实现了经验形态技术要素的交流。

（二）人工智能休闲活动中的外部技术要素

所谓休闲活动中的"外部技术要素"，在此主要是指休闲活动中涉及的生产和工程技术。因为这种技术要素不是在休闲活动的开展过程中自发形成的，而是由外部，也就是由生产或工程领域输入的，所以称为"外部的"。在个体休闲中，作为外部技术要素的人工智能技术的主要作用如下。

（1）在休闲客体上的表现

其一，增加了新的休闲客体，丰富了休闲活动类型。例如，爱宝狗（Aibo）号称最完美的宠物狗。它很专注、热情地与它的使用者互动，无论你走到哪里，它都会开心地跟着你。只要你要求，它会唱歌跳舞，甚至会愉快地说着"早上好"来迎接你。这是因为爱宝是一种由索尼生产的机器狗。

不过，虽然它的身体是由金属和塑料材质组成的，而不是骨头和皮毛，这并没有改变爱宝的所有者与爱宝之间的感情。例如，2014年，当索尼停止生产爱宝的部件时，爱宝的所有者很苦恼，因为这意味着他们的宠物即将"死亡"，有些人甚至为爱宝举行了葬礼。

其二，赋能旧的休闲客体。游戏是人们传统的休闲客体。在将人工智能技术介入围棋和国际象棋领域之后，Deep Mind又把目光投向了游戏领域。它让人工智能在视频网站上看人玩超级玛丽的通关视频，以此训练人工智能挑战超级玛丽。这个相对来讲比较简单，更难的是人机对战。Deep Mind旗下的一个人工智能，在射击游戏《雷神之锤3竞技场》当中，以双人组队的方式击败了顶级人类玩家，胜率高达74%。目前，Deep Mind训练人

工智能去玩一款竞技游戏《星际争霸》，因为这款游戏的复杂程度和需要判断的因素太多，对人工智能来说挑战极大。

（2）人工智能在休闲空间上的应用表现

其一，表现在对现实休闲空间、环境的改造上。例如，据报道，百度正在将海淀公园打造为世界上第一个 AI 主题的公园。公园里有自动驾驶巴士，公园里面设置了许多无人车专用站点。据了解，AI 公园包括自动驾驶巴士、智能跑道、小度智能亭、AR 太极等项目。例如，"小度智能语音亭"搭载了百度对话式人工智能操作系统 Duer OS，用户以自然语言对话的交互方式，就能实现点歌、查天气、生活服务、出行路况等服务。此外，通过踩踏可实现琴键亮起的钢琴步道、用 AR 教太极拳的太极大师、刷脸智能售货机和刷脸储物柜等智能设施也作为海淀公园改造的 AI 项目。通过将人工智能技术与人们日常休闲空间融合改造，丰富了现实休闲空间的休闲元素，也提升了人们的休闲体验。

其二，表现在对虚拟休闲空间的营造上。虚拟现实是一种先进的计算机用户接口，它可为用户同时提供视、听、触等各种直观而又自然的实时感知交互手段，因此具有多感知性、存在感、交互性、自主性等重要特征。借助于虚拟现实技术，它能够为使用者营造虚拟休闲空间。这种虚拟休闲空间模糊了虚拟与现实界限。目前，虚拟现实体验上的最大问题就是眩晕感。使用者在适应全新的感官环境时，可能会出现类似晕车的状况。因体验者自身身体状况、适应能力的影响，还是无法完全避免眩晕感的产生。此外，对于这种虚拟休闲空间而言，"沉浸体验"和"真实感"往往难以兼得。沉浸体验常被作为衡量虚拟现实的一个重要指标，然而在当前的技术条件下，沉浸体验却成了另一个衡量指标——画面"真实感"（清晰度）的"天敌"。想要画面变得更真实，就需要高清晰度来支持，如果清晰度提高了，那么画面就会离人眼更远，降低沉浸体验。反之亦然，借助于人工智能技术，休闲空间得以拓展，延展到虚拟休闲空间。虚拟现实、增强现实以及混合现实不仅将休闲空间从传统的物理空间拓展到了虚拟空间，而且极大丰富了人们的休闲体验。

（3）人工智能优化了休闲方式

人工智能技术除前述在休闲客体和休闲空间的影响外，它还能便于休闲活动的开展，节约休闲活动的投入。例如，2018 年 6 月 11 日，由上海荷福集团生产的全球首款羽毛球机器人亮相南博会。作为全球首款可进行人工智能体育陪伴的机器人，具有自主定位、自主移动、运动轨迹高速运转，以及与人高度互动性的功能。通过这种方式，人工智能技术优化了人们的休闲方式，不用再为找球友或球伴伤神。

三、对人工智能休闲的社会观察与思考

（一）基于人工智能的休闲与"宅文化"

在信息与传播技术影响下，人类休闲方式可能会发生变化。回顾历史，ICT 技术（如电视媒介）对人们休闲方式的影响。电视作为一种相对于纸质媒体的新视听媒体，其声画

并茂的特征将人们吸引在了电视机面前，赋闲在家之时，坐在沙发上，拿着零食，看着电视成为一个典型的休闲情景，这便是所谓的"沙发马铃薯"现象，引起研究者对电视对于人们休闲方式的思考。随着技术的发展，以及人工智能技术在休闲领域的应用，人们也日益关注人工智能技术对休闲的影响，在人工智能技术的影响下，人们有可能不再外出休闲，促生"宅文化"现象。

例如，无论是抖音还是今日头条，字节跳动的所有产品都使用人工智能和机器学习来提供用户想要的内容。该公司的智能机器使用计算机视觉和自然语言处理技术来理解和分析书面内容、图像和视频。然后，根据机器对每个用户的了解，交付给用户它认为每个用户都想要的内容。当用户通过点击、滑动、在每篇文章上花费的时间、评论等方式与内容进行交互时，机器学习和深度学习算法将继续了解用户的偏好以便改进未来为用户提供的内容。最终结果是基于每个用户的喜好和兴趣的高质量内容提要。随着系统积累的内容越多，算法对内容体验的增强效果越好。虽然这种内容消费能够短暂地给用户提供信息，但是用户在虚幻的满足感中却体验到了休闲疲惫。用户想要的内容与用户需要的内容之间往往并不直接等同，用户获得的信息与用户获得的知识也并不能画等号。

再如，一项研究发现，青少年可以自由地在外面活动的时间自 20 世纪 70 年代以来减少了 90%。20 世纪 70 年代，超过一半的孩子经常在野外玩耍，现在只有不到 10%。同时，英国 11 ~ 15 岁的孩子不睡觉时，有一半时间是在屏幕前，在虚拟的世界里度过。然而，室外的玩耍经历会让青少年变得更有创意，远离自然则会使他们缺乏创意。同时，研究表明，在树木和草地之间玩耍会降低多动症的发病率，而在室内的屏幕上打游戏，会提高发病率，增加儿童的肥胖和患糖尿病的比例。因为，如果孩子们在屏幕前花了一半的时间，那么他们至少有一半的时间不活动。对于这部分游戏用户群体而言，他们往往宁愿宅在家里玩游戏，也不愿意走出家门到户外玩耍。使用者越来越沉浸在 AI 驱动的游戏内容消费中。

（二）理论上增加了休闲时间，实际上模糊了工作和休闲时间的界限

（1）理论上休闲时间在逐步增加。从历史角度来看，休闲时间的增加，都与技术的进步紧密相关。大约 1000 年以前，人类处于农耕时代，只有 10% 的时间用于休闲；在公元前至公元 1500 年期间，手工业的发展节省了大约 17% 的时间用于休闲；到 18 世纪 70 年代，动力机器包括原始的蒸汽机，使得生产力水平大大提高，休闲时间增加到 23%；进入 20 世纪 90 年代，电子化的动力机器使人们的工作效率更高，人们生活中 41% 的时间用于休闲；2015 年，随着知识经济和新技术的迅速发展，人们 50% 的时间用于休闲，每周的工作时间变得更少。1700 年左右是 72 小时周工作时间，1859 年是 69.8 小时 / 周工作时间，20 世纪 90 年代不到 40 小时的周工作时间，以此推算，30 小时 / 周工作时间，甚至 24 小时 / 周工作时间将会成为可能。随着技术的发展以及在应用中对生产工具、生产手段、生产过程、管理过程等的优化、提升与重构，人—机器的关系发生了部分变化，人从直接的

劳动参与逐渐变为劳动协作与监管，人的休闲时间增加了。

（2）实际上，工作和休闲时间的界限在逐渐模糊。传统上，家庭时间应该是人们的休闲时间，但是，随着智能移动设备的普及和影响，人们越来越多地践行弹性工作时间，工作和家庭生活的界限变得并非十分鲜明，导致工作和休闲时间的界限在逐渐变得模糊。在家办公常常被认为是一项"特殊福利"，但一份新报告显示，这会带来更大的压力等不利影响。随着科技的进步，一些人得以在家里完成工作，省下了通勤时间，听上去也非常惬意。联合国的新报告研究了远程办公的影响，发现这种有别于传统朝九晚五的雇佣关系容易引发精神高度紧张甚至导致失眠。研究人员监测了包括美国在内的 15 个国家的职员的脉搏等身体特征，发现相对于 25% 的办公室职员，41% 的远程雇员自身感受到更多的压力。如上所述，理论上休闲时间增加了，但是工作和休闲时间变得模糊，这不仅给机构，同时也给工作者带来了新的影响。

（三）在人工智能影响下，劳动和休闲的界限变得模糊

如前所述，休闲是对时间的一种非生产性消费。瑞典天主教哲学家皮普尔在《休闲：文化的基础》中指出休闲是人的一种思想和精神的态度。人工智能在某些领域逐渐替代人完成任务，一方面致使一部分人失业，另一方面也给了我们休闲的时间。下面，本书从劳动和休闲的角度分析人工智能的影响。

（1）物质劳动与休闲

其一，由于人工智能技术在劳动领域的应用，人逐渐从纯粹的物质劳动中解放出来。即便是在劳动时间内，也有间断性休闲的可能。由于智能时代生产过程和管理过程的二位一体、智能化，因此有可能出现如马克思所预见的那样："劳动表现为不再像以前那样被包括在生产过程中，相反地，表现为人以生产过程的监督者和调节者的身份同生产过程本身发生关系。……这里已经不再是工人把改变了形态的自然物作为中间环节放在自己和对象之间；而是工人把……由他改变为工业过程的自然过程作为媒介放在自己和被他支配的无机自然界之间。工人不再是生产过程的主要当事者，而是站在生产过程的旁边。"劳动者即便是在劳动时间内，也有间断性休闲的可能，技术尤其是 AI 技术的应用，使得这种现象成为可能。

其二，有些即便看来是休闲活动的行为，也越来越成为数字劳动的一部分。"玩工（playbour）"这一词是 Kucklich 最早提出的，用于形容沉迷于电子游戏中对游戏公司资本盈利产生贡献的改装玩家。他们以"爱好"之名成为游戏产品的创造与修复者，但只有少数人能够获得游戏公司对他们的回馈。学者邱林川与曹晋发展了"玩工"的概念，认为普通游戏玩家花费大量时间与精力在网络游戏的同时作为游戏"玩工"为游戏公司与平台公司创造了巨额利润，休闲时间实际为剥削过程。社交媒体平台的用户以玩、休闲和娱乐的形式在强化平台的使用价值，他们上传图片、文字、视频及创建社区等，所有的浏览痕迹终以数据的形式被广告商利用，成为牟利的工具，他们所有或者绝大多数的在线时间都是

剩余劳动时间，都在创造剩余价值。

（2）精神活动与休闲

人们往往把作为一种思想或态度的休闲与精神活动混淆起来。有些精神活动属于休闲的一种。有些则不属于休闲，而是精神劳动的一种。正如弗洛姆所言，技术社会"人创造了种种新的、更好的方法征服自然，但却陷于这些方法的网罗之中，并最终失去了赋予这些方法以意义的自己。人征服了自然，却成为自己所创造的机器的奴隶"。例如，对于有些人来说，通过移动智能设备浏览资讯属于一种休闲，而对于某些职业，如教师，则往往变成了一种精神劳动，因为他／她需要将所看到的信息整合到课程或其他工作内容中，从而将这种行为变为了工作劳动的一种变体，原本休闲的时间蜕变为一种生产性消费。

（四）休闲消费与大数据"杀熟"

（1）何谓"大数据杀熟"？从描述的角度而言，"大数据杀熟"常常指的是基于大数据的人工智能算法对不同的消费者制订不同的价格，甚至向熟客推荐价格更高的高端产品或服务，或者给老顾客更高的报价等。据报道，"杀熟"为人关注，起因于一名网友的休闲消费经历。网友"廖师傅"在微博上称，自己经常通过某网站预定一个出差常住的酒店，常年价格为 380 ~ 400 元。他用自己的账号查到酒店价格是 380 元，但用朋友的账号查询显示价格仅为 300 元。之后，更多的人在网络或媒体上曝光自己被"杀熟"的经历。一位网友称，自己在某电影票订票平台上，用新注册的账号、普通会员账号和高级会员账号，同时选购一张同场次电影，票价相差 5 元以上。中国青年报对 2008 名受访者进行的一项调查结果显示，51.3% 的受访者遇到过大数据"杀熟"，59.1% 的受访者希望规范互联网企业歧视性定价行为。大数据"杀熟"，不仅仅出现在中国。2000 年，亚马逊选择了 68 种 DVD 碟片，根据潜在客户的购物历史、上网行为等信息，确定不同的报价。例如，"泰特斯"的碟片对新顾客的报价为 22.74 美元，而对老顾客的报价为 26.24 美元。亚马逊通过新的定价策略，提高销售毛利率。事件曝光后，亚马逊公司总裁杰夫贝佐斯公开道歉，称这只是向不同顾客展示的"差别定价实验"。

（2）为什么会出现大数据"杀熟"现象？大数据对人的分析是全面的。现在很多软件后台内置位置数据功能，通过记录用户的住址、常去的消费场所等地理信息，判断其消费能力，使得"用户画像"更为精准。人工智能通过对海量数据的梳理，让现代企业具备无限提升效率和精准服务的可能。但是，现在的网络平台，却借助大数据技术，对消费者精准靶向营销，不同用户不同定价，特别是一些对价格不敏感的消费人群，溢价提供服务，出现了越是老用户价格越高的怪象。大数据和 AI 技术的应用是数字社会发展的驱动力。但是，因为算法的"黑盒"属性，用户与互联网企业之间存在"信息鸿沟"，消费者处于弱势。数字时代，对于相关企业而言，虽然掌握着数字权力，但要避免滥用。

（五）人工智能休闲产品使用与身份认同

身份认同是对主体自身的一种认知和描述，其包括很多方面，如文化认同、国家认同。

身份认同更多地表现为追求自我内在一致性。例如，在 TED 大会上，Google 先进科技与计划部门负责人 Ivan Poupyrev 穿着一件与牛仔品牌 Levi's 合作的 Commuter Trucker，展示了他们最新的智能衣服。他将一块谷歌的 Jacquard 芯片放进了夹克衫的袖口内，通过操纵左手袖口向外滑动就完成切换下一张 PPT。而衣服由可导电且防水的特殊织物做成，通过双击袖子、向内滑动、向外滑动这三种手势就可以完成多种关联的操作。Levi's 还推出了匹配的应用，用蓝牙将衣服连接到手机上，就可以对它的功能进行自定义设置，例如，通过双击袖口播放音乐。如果手机突然来电或者突然播放音乐，可以用手掌按住袖口启动快速静音。这些一块智能手表就可以做到的事情，被加到衣服上之后，衣服售价高达 350 美元，约合人民币 2300 元。如果要给这些智能硬件一个定义，那一定不是"刚需产品"，而是帮助人们生活得更加舒适、便利。因此，它永远不可能像普通的服饰鞋袜一样成为生活中不可或缺的一部分，而是通过特殊的功能、外形、文化符号，成为一个群体或圈层的身份认同。前述程序员群体对电子设备的爱好表明，这一群体通过对最新电子产品的拥有和使用体现自己的独特身份。

第五节　智能财务：价值创造效力最大化

一、行业弊端：传统会计行业发展现状

俗话说："办经济离不开会计，经济越发展，会计越重要。"一直以来，企业通过加强会计基础工作规范，有序开展会计核算工作；建立内控管理制度，强化财务风险监控，提高会计工作质量。但由于各种原因，企业会计工作仍存在诸多不足。同时，随着智能技术在各行各业的应用与发展，我国传统会计行业在大数据、人工智能等智能技术的冲击下，弊端逐渐显现，主要表现在会计内部控制、信息管理、职业道德、会计信息披露等方面，存在诸多需要改进的地方。

（一）在会计内部控制方面

当前，我国一些国企存在资金的用途不合理、会计信息时效性差等弊端。究其根源，主要是企业财务会计内部控制的弱化所导致的。内部控制的弱化会导致企业运营效率低下，甚至导致重大财务危机。企业出现的内部控制弱化主要涉及预算弱化、资金控制弱化、监督弱化三个方面。

一是预算弱化。在"智能 +"时代，企业要实现科学化、合理化的经营模式，进行全面的预算管理是不可或缺的。科学而全面的预算管理有助于合理配置资源、调节部门间的利益关系。然而，当前很多企业制定的预算远远超出了其长期的财务目标，以致在同一个企业内部出现了处于不同时期的财务目标断层的现象。无论是在财务预算阶段还是在财务

执行阶段，有效的沟通都是财务部门和其他部门之间所缺乏的，从而导致各部门间的信息不流通，某些部门在实际经营中的操作完全偏离了其预算决策所要达到的效果，也就是说，各部门之间的信息闭塞弱化了预算。此外，企业做预算时应该根据各部门各自的特色，有针对性地做符合各部门发展目标的预算，而不是笼统地制定企业整体的预算目标，否则会导致企业各部门不能认真地评估各自的目标，难以对本部门负责，不能做出准确的预算。这就使得如果监管这一环节在财务预算过程中缺失，企业难以对经营管理过程中的各种突发状况采取有效的措施，甚至会导致企业科学的预算方式失效。问题的根本在于，监督环节在执行过程中出现了缺失，控制环节也很薄弱，最终造成科学的财务预算只浮于表面，在企业发展的过程中起到的作用微乎其微。

二是资金控制弱化。企业的资金控制对于一个企业经营状况是尤其重要的，然而，当前企业内部资金面临管理主体模糊的问题。例如，企业流动资金的管理主体一直在变化，由财政统一管理，到财政和银行共同管理，再到银行统一管理，流动资金的管理主体交替变更容易造成管理系统紊乱。同时，企业对内部资金的领用存在弊端，如果对资金的调用没有一个完善的制度，一般对资金的调用遵从企业的领导。此外，虽然企业持有一定的现金有利于企业的资金周转，但现有国企大多持有过量的现金，这无疑不利于企业进行融资，使得企业的盈利可能性降低。以上这些问题也说明，若企业资金使用缺乏管理，则会造成资金的使用与回报不成正比。

三是监督弱化。无论是社会监督还是内部监督，都有利于企业的稳定有序发展。在社会监督方面，一个企业对外公开的信息一般是有限的，公众难以获取企业经营管理的所有信息，这无疑减小了社会监督的力度，导致公众对企业的监督力度和范围极其有限。而在内部监督方面，虽然企业内部人员能够获取比社会公众更多的关于企业经营的信息，但是由于企业内部各部门间存在信息闭塞、不透明，信息沟通不顺畅，标准不统一等问题，企业内部监督方面还存在一定的缺陷，并不能真正实现完全的监督。在内部监督和社会监督都无法发挥作用时，企业财务处于被架空的状态，财务去向只能凭借一串数字来解释。企业内部财务监督的弱化，不仅会使企业公信力缺失，还会使企业内部滋生的贪污腐败问题越来越大。

（二）在信息管理方面

企业的财务现状反映了企业的财会信息，而只有准确的财会信息才能正确地反映一家企业的实际经营状况，才能使企业对发展状况有清晰的认识，有助于企业做出合理的经营决策。

当然，要使财会信息准确有效，首先需要知道财会信息所具有的特性。虽然我们能够从各式各样的渠道获得企业的会计报表、经营现状、现金流量等公开信息，但是这些信息都只是最后的结果，而这些信息的产生过程究竟是怎样的，社会公众不得而知，甚至企业的部分内部人员也难以获取信息产生的具体情况，只有少数财会人员明晰这些信息的具体产生过程，这些保密的财会信息使得会计信息管理具有隐私性。除此之外，企业的财会信息是由各个部门的信息汇总而成的，各个部门之间无法割舍的千丝万缕的关系使得财会信息之间具有关联性。

然而，企业财会信息管理方面存在着诸多不足。例如，一些企业并未制定完善的企业经营管理制度和财会管理制度，企业内部缺少明确的制度对其行为和经营过程进行管理与监督。随着人工智能、大数据等智能技术对行业的赋能，出现了一大批新型的智能产品，这些智能产品的使用要求财会人员具有硬的专业素养和专业知识，然而，传统会计人员大多不具备操作新型财务智能产品的素养和能力。虽然各项智能产品相继落地实施，但是大多数企业还未引进这些智能产品，对这些智能产品持观望态度，依然使用传统的财会管理制度，这在很大程度上限制了企业管理效率的提高，拉低了企业财会信息管理的进度。

（三）在职业道德方面

近几年，随着社会经济的飞速发展，会计行业的从业人员急剧增加，高等职业教育院校扩大了对会计专业的招生。然而，随着会计人才市场的不断扩大，会计行业从业人员两极分化的趋势日趋明显，基层的会计人员占据了会计行业从业人员的半数，而高级会计人员却严重匮乏，专业资深的会计人才的缺乏使得传统的会计行业难以满足国家和行业发展的需要。

在日渐扩大的会计市场里，难免会出现为了一己私欲，会计人员利用自身具有的专业优势伪造、捏造会计信息，帮助企业或个人进行财务造假，做假账以避税漏税等。同时，有的院校缺乏培养学生会计职业道德规范的环境，会计教育的教学重心主要集中于培养学生的专业知识，而极少强调会计人员的职业道德规范，甚至有许多非会计专业的毕业生从事会计工作，使得大量初入职场的会计从业人员的会计职业道德观念薄弱。

此外，我国会计体系尚未形成统一的规范，会计人员的行为未受到特定部门的监督，即使会计人员或企业做出违背职业道德的事情，也无法快速地被现有体系察觉，这种规范和监察系统的缺失给了部分职业道德不够高尚的会计人员钻漏洞的机会。

（四）在会计信息披露方面

企业的财务报告是会计信息的载体，由财务报告可以解读出某个企业的财务状况和经营成果，也就是说，可根据某个企业的财务报告知道该企业的运营状况。正因如此，很多企业在公开其财务报告时会倾向于公开披露对企业有利的信息，而对于那些对企业不利的、会产生负面影响的信息，企业会选择性地回避，从而易于造成会计信息失真，影响社会公众对该企业的评估。企业在会计信息披露方面主要存在以下问题。

一是信息披露不完整、相关性差。一方面，企业财务报告中公开的信息是已经发生的，而企业的公司战略和发展规划等反映企业未来经营阶段的信息并未公开，也就是说，企业向外界披露的信息中缺乏具有前瞻性和预测性的信息。另一方面，企业倾向于披露会对其产生正面影响的信息，尽量不向社会公众公开负面的信息，使得企业所披露的信息是不完全的，企业甚至会选择性地披露对其有利的重大事项，而不披露全部，这违背了企业经营的重要性原则。这种选择性披露或者披露不明确的不完全信息会影响公众做出投资等决策。

二是信息披露的时效性差，滞后性严重。国家规定，企业最迟于下一年的四月对外公布上一年度的年报。于是，大多数企业会选择在最后期限才对外公布，甚至有些企业会延迟对外公布年报的时间，而相对于有的国家在会计年度结束后的 2 个月内公布年报，我国这种在 4 个月内对外公布的时限确实长了一些。时间越久，年报所反映的企业会计信息的时效性越差，可供参考的有价值的信息就越少。

三是信息披露的重复性太高。企业总是希望其企业形象在社会公众心目中是良好的，所以会回避那些不利信息，而对于不重要的、对企业产生正面影响或者影响不大的信息，企业会反复披露。在不影响财务报告字数的同时，重复披露必然会增加财务报告使用人的使用时间，混淆使用者的视线，降低使用效率。

二、发展动力：基于 AI 的会计发展趋势

互联网、大数据、人工智能等智能技术与实体经济的深度融合，不仅重新定义了人们的生活，还深入经济社会的各行各业、各个领域，并且给这些行业和领域带来了巨大的变化，其中会计行业尤为典型。科学技术的每一次进步与发展都会对会计行业产生强烈的冲击。例如，会计行业最初是由人工进行账务处理的，随着互联网与行业的结合日益密切，会计处理逐步由财务软件记账替代了人工记账，随后人工智能等智能技术与会计行业密切联系，一批智能财务机器人参与财务工作，必将重塑会计行业的发展模式。在新的时代背景下，面对行业巨变，会计相关人员与机构又该如何应对呢？

（一）人工智能对会计行业的影响

第一，人工智能重新定义会计软件。人工智能的核心是机器学习算法，机器学习算法是使计算机实现智能的根本途径，起着加快会计过程和会计处理的作用。人工智能将通过费用代码自动化、银行对账单自动化这两方面来将机器学习整合到会计软件中，为企业节约更多的时间以开展更高难度的会计工作。

每个企业在生产经营过程中都会不可避免地产生费用，因业务活动不同，各企业所产生的费用类型也不同。为了便于进行业务处理，每种费用都被赋予了一个专属的代码，然而业务类型的多样性使得费用代码众多，这就导致企业在使用费用代码对各种费用进行分类与输入系统时很容易出错。随着基于云计算和人工智能技术的会计软件的研发与应用，将机器学习算法嵌入会计软件中能够将人工操作所犯的费用代码错误最小化。智能会计软件的工作机制是借助于机器学习算法的学习能力，对所有的费用提供合适的代码，通过分析与修正能力对业务信息做出正确的处理，提出可靠的建议。

在云计算和人工智能等智能技术的驱动下，Xero 等会计软件提供了自动银行和解功

能，通过人机交互，会计软件能够自动搜索和匹配交易，能够根据自动导入的银行单据自动地生成凭证，还可以根据会计需求手工设置银行账户和添加相应的业务类型，并进行银行自动对账。

第二，人工智能重新定义财务工作。当前，人工智能在会计领域的应用尚处于起步阶段，一些诸如会计记账等简单的会计职能被人工智能取代，但还未涉及监督、分析、预测、决策等比较复杂的会计职能。然而，随着新一代信息技术的进一步发展，不久的将来，这些职能终将被取代。人工智能在会计领域的应用重塑了会计行业的发展模式，重新定义了财务工作。

人工智能有助于简化烦琐的财务工作，提高财务工作效率。会计核算涉及设置会计科目、记账、填制凭证、登记账簿、成本、财产清查、编制会计报表等大量手工操作的重复率高的财务工作，这会耗费大量的人力，高度烦琐且重复的工作容易出错且效率低下。人工智能会计日益普及与改进，其不仅能够从事大量重复繁杂的工作，还能够自动扫描和编制凭证、核算数据和编制会计报表，可高效地完成一系列的财务核算工作。同时，人工智能会计能够对相关法律法规的变更做出积极响应，并使企业迅速适应外界环境的变化，为企业开展业务节省大量的时间，大大地提高了财务工作的效率。

人工智能可以有效避免信息失真，提升信息质量。人们在从事大量烦琐的工作时难免会出现错误，这就降低了会计数据的准确性，甚至部分人员会在利益的驱使下篡改数据，导致会计信息失真，这无疑欺骗了相关投资者和股民，损害了他们的利益，人工智能的应用则可以减少这一现象的发生。人工智能在开展财务工作时，可以利用现有的会计信息和会计模型对会计数据进行推理与判断，识别出虚假信息，避免数据造假。此外，人工智能会计突破了传统会计中人力和时间的局限性，其应用范围涉及对所有的会计信息和财务进行全方位的反映、核算、监督和经营决策，实现了对会计工作各个环节的全覆盖，在保证会计信息准确率的同时，进一步提高了财务信息的质量。

（二）会计智能化的应对措施

面对纷繁复杂的内外环境的变化，企业财务面临着内部产业结构调整、外部智能技术冲击的双重压力，不得不进行转型升级。而对处在"智能+"时代的企业来说，要适应行业发生的这些变化，就要做到以下三点。

首先，对于会计行业从业人员而言，一方面，人工智能、大数据等智能技术为会计行业带来了众多高科技的应用，会计人员如果仍以传统的观念进行财务业务操作，终有一天会被人工智能取代，因此，会计人员要想在激烈的市场竞争中脱颖而出，为企业贡献自己的一份力量，就要将自己的思维从传统会计的观念中解放出来，并保持严谨的工作作风，这样才能为企业创造更大的价值。另一方面，智能技术在对会计行业赋能的同时，也对会计人员提出更高的要求，会计人员不仅需要牢牢掌握基础知识，还需要注重提升自身的工作素质。会计人员的思维和学识应当紧跟时代发展潮流，当今各行各业高度重视技术力量对其产生的重大影响，会计人员应当时刻提醒自己加深对专业知识的学习，还要密切关注信息技术发展，以更好地利用各项智能技术和各种智能财务软件，为企业的进一步发展添砖加瓦。

其次，从企业的角度出发，人才对一个企业的经营状况起着至关重要的作用。基于此，在"智能＋"时代，一个企业要想在严峻的市场环境中占据一席之地，引进高素质的人才是必不可少的。对于会计行业而言，智能技术所造成的冲击影响相对较大，基于人工智能等智能技术研发的各种智能财务软件具有相当强的专业性，需要专业的会计人员进行操作，传统会计人员一般是难以操作这种智能财务软件的，各大企业当前在财务管理方面的人才仍存在较大的缺口，企业在使传统会计人员转型升级，从而具备操作智能财务软件能力的同时，还需要引进复合型的财务技能人才，以最大限度地发挥智能财务软件的作用，实现会计智能化。

最后，从智能软件自身出发，我们要优化智能化信息系统，提高技术风险防范能力。会计信息处理智能系统之间的关系十分密切，如果发生系统崩溃，一定会给公司会计工作带来非常严重的影响，因此，必须通过定期维护和检查智能会计系统来核查系统设置的合理性，再利用网络信息安全技术提高对风险的预防能力。同时，为避免突发意外情况使企业会计工作崩溃，必须提高风险应对能力。

三、行业变革：财务转型的必要性

人工智能是大发展大变革的世界浪潮中不可逆转的历史大势，智能技术的应用与发展使得人工智能成为企业经营过程中的得力助手。新一代信息技术的进步及其与会计行业的深度融合发展推动财务会计发生变革，使传统的财务会计工作走向以会计电算化为标志的第一次财务变革，之后逐步发展为以财务共享服务为标志的第二次财务变革。当前，会计行业正面临第二次财务变革的重大历史机遇。

（一）财务会计与管理会计

会计指的是"以货币为主要的计量单位，以凭证为主要的依据，借助于专门的技术方法，对一定单位的资金运动进行全面、综合、连续、系统的核算与监督，向有关方面提供会计信息、参与经营管理，旨在提高经济效益的一种经济管理活动"。根据会计的定义，不难发现会计的本质在于管理。随着会计信息化日益普及与完善，会计的基本职能发生了变化，参与企业的管理决策职能取代了原来的核算职能。

很多人对会计产生了错误的认知，大多数人把会计等同于财务会计，这是我们思维的误区。要正确认识会计，就得明确会计的分类。根据不同的分类标准，会计可分为多种类型，其中，按照报告对象的不同，可将会计分为财务会计和管理会计。

财务会计是企业会计的一个分支，其实质是报账型的会计，主要反映的是已经实际发生的经济业务，并通过资产负债表、利润表、现金流量表等财务报表反映企业会计数据信息，为企业外部与企业有经济利害关系的投资人、债权人和政府有关部门提供企业的财务状况与盈利能力等经济信息，以使其清楚公司的财务状况，主要趋向于向企业外部提供相关财务报告信息。

相较于财务会计来说，虽然管理会计也是企业会计的一个分支，但它不仅能对过去所发生的交易事项进行分析，还能借助当前所能获得的各种会计信息与相关资料对未来的经营发展进行预测与规划，横跨过去、现在、未来三大时间领域。管理会计分析研究的问题是经营过程中的特定问题，以公司内部为主要对象，服务于公司内部管理，更注重管理在经营活动中所扮演的角色，实施事前、事中、事后控制以实现总结过去、控制现在、规划未来的目的。企业的财务状况和经营成果是财务会计着重强调的，而管理会计并不局限于此，其强调的范围更广，注重数据的可视化来为经营决策提供参考依据，亦可称其为分析报告会计，其最终目的是提高企业的经济效益。

随着人工智能技术催生了新的产业结构和新的商业模式，在贯彻新发展理念的同时，我们应具备敏锐的观察力，洞察人工智能技术在会计行业的应用给行业带来的冲击。

（二）财务会计向管理会计转型的必要性

智能技术的高自动化水平减少了很多人工录入、整理、统计和基础数据分析的工作，财务会计的普通核算工作将被取代。面对复杂多变的世界环境，尤其是在"大云物移智"时代，企业要想突破重重困局，走在行业发展前沿，必须从众多的信息中快速捕捉有用信息，同时借助各种智能技术精准定位企业方向及提高会计人员的观察力和洞察力，使企业在激烈的市场竞争中脱颖而出，占据一席之地。此外，企业财务人员面对当前形势，必须清晰地认识并接受变革，了解财务会计向管理会计转型是必然趋势。

随着人工智能技术对会计行业造成冲击，传统的财务会计已无法满足企业生产经营管理的需要。在这样的行业背景下，财务会计向管理会计转型顺应了历史发展的潮流，是行业发展的必然趋势，我们要坚持以价值创造为导向助力财务转型。

财务会计向管理会计转型是人工智能时代发展的需求。我们知道，传统的财务会计工作存在获取的数据信息准确性低和时效性差的局限，在保证会计数据信息准确性的同时难免会延缓获取信息的时间，降低其时效性。若为了保证时效性，则可能不去辨别所获信息的真伪而笼统接收，这很容易导致数据信息错误。传统的财务会计工作难以为企业经营者提供即时且准确有效地数据信息，其落后的会计职能无法满足企业生产经营的需要。同时，近年来随着人工智能与财务会计的融合日益紧密，财务数据的有效分析提高，看到人工智能使得对财务会计的需求减少，笔者不禁产生了在未来的某一天人工智能是否会完全取代财务会计工作的担忧。为了避免被时代淘汰，财务会计向管理会计转型是企业可持续经营的必由之路。而如何做出最佳决策是企业管理会计的着重点，管理会计能综合分析历年数据并做出有效决策，提前评估预判风险，填补财务会计所匮乏的部分。

随着人工智能在会计领域的逐步深入，管理会计所掌握的统计核算正被人工智能所具备的高效快速逐步替代，形成人工智能与管理会计人员智能互补的作用。管理会计人员为企业提供的合理分析恰好符合现代企业发展的时代需要，财务会计的转型是企业提升市场竞争力的必然选择。

财务会计向管理会计转型是应对严峻的市场形势的需求。当前，我国财务从业人员的人数高达 2000 万，其中有一半的人员从事着简单重复的基础财务工作，低端财务会计人员已趋近饱和，而高端管理会计人才稀缺，中国注册会计师协会原秘书长丁平准透露，国内管理会计人才存在高达 300 万的缺口。在严峻的市场形势的驱动下，企业纵观全局，减少了财务会计人员的市场需求，转而寻求更多的管理会计人员。面对竞争日益激烈的会计行业，传统财务人员不仅要与管理会计人员竞争，还要与人工智能竞争，因此，传统财务人员若不想被人工智能和管理会计人员淘汰，就要转变思维方式，自觉学习新知识以顺应发展趋势，保持良好的竞争价值，实现向管理会计人员的转变。

财务会计向管理会计转型是响应国家经济转型的需求。我国历经四十多年的改革开放，凭借得天独厚的自然资源和人力资源，依靠低廉的成本大力发展出口导向型经济，一跃成为世界第一大贸易国、第二大经济体，综合国力水平显著提高，人民生活质量明显改善，所取得的成就举世瞩目。然而，随着资源过度开发与利用，为了更好地贯彻落实经济高质量发展战略，我国经济走上了转型升级的道路。当下是我国经济转型调整最为关键之时，是由粗放型经济向集约型经济转型的关键时期。我国企业要提高自身精细化管理的水平和能力，这样才能在大规模转型的浪潮中生存下来，而管理以财务管理为基础，这无疑为管理会计提供了大展身手的广阔舞台。因此，在我国经济转型的关键节点和国家宏观政策的驱动下，财务会计应顺应发展大势向管理会计转型升级。

（三）财务会计向管理会计转型的策略

财务转型与企业转型息息相关，是企业转型的关键。当下，人工智能等智能技术正在以人们难以想象的速度深刻影响着会计行业，企业的财务工作要想在技术力量的驱动下实现由财务会计向管理会计的成功转型，合适的策略和措施是必不可少的。

首先，财务工作者要形成观念转变、职能转型的意识。企业财务从业人员的专业能力在企业经营中是至关重要的，尤其是在以信息为驱动力的时代，技术力量的发展壮大使人工智能逐步取代了烦琐的人工操作。例如，传统会计中做会计分录、填制原始凭证和记账凭证等简单的财务工作已不再依赖人工，而是被人工智能替代了。随着技术的发展，财务从业人员要从传统的观念里走出来，应具备敏锐洞察对企业有价值的信息的能力，具备从专业的业务视角为企业提供有价值的决策建议的能力，具备以专业知识指导新技术运用的能力。

其次，企业要进行内部结构的优化，转变财务管理理念。人工智能在开展财务工作时，不仅保证了时效性，其运营成本也远低于人工会计。此外，财务人员在提升自身财务素养的同时，应结合人工智能为行业提供的便利，对企业财务结构进行优化和调整。在企业内部的财务人员完成转型后，企业财务组织也应进行相应的调整，使得组织结构转型。而在人工智能取代数据统计核算的会计职能后，财务组织结构应当做出合理调整，财务会计岗位可以适当减少，主要用于对数据的校对。

最后，会计从业人员要强化自身的综合素养，企业要引进管理会计人才。在由财务会计向管理会计转型的过程中，会计人员需要具备合格的职业素养和专业的业务能力，以利于实现完美的财务转型。财务会计的工作岗位不同，其职能也不同，这就造成了不同岗位之间供需不匹配。财务会计与管理会计具有不同的职能，管理会计具备了绝大多数企业生产经营中所需的职能，管理会计人才是企业目前尤其欠缺的，而实际上具备管理会计能力的人才严重匮乏，出现了企业对管理会计人才的需求远远大于管理会计人才供给的情况，导致了极其严重的两极分化现象。因此，企业在转型的过程中，除了要引进管理会计人才之外，还要将现有的会计从业人员往管理会计的方向引导，使其适应新的职能，只有采取引进人才与现有人才转型升级相结合的方法，才能改善企业内部各种不合理的现象，缓解管理会计人才短缺的局面，最终使企业整体的财务水平获得质的提高。

四、系统升级：智能财务如何实现智能化

智能财务以大数据、云计算、人工智能等智能技术为支撑，力求在财务工作的全过程实现智能化，主要表现为以数据发现、智能决策和智能行动为核心的智能管理系统，可以帮助决策层进行智能判断、策略生成和策略选择。

一个完整的智能财务体系应涵盖以下三个横向发展层面：一是基础层——财务机器人的使用旨在实现流程自动化，这是实现智能财务的基础环节；二是核心层——借助于业务和财务相融合，即我们所说的业财融合，以此来构建智能财务共享平台，智能财务共享平台是智能财务的核心；三是深化层——以商业智能为导向，构建智能管理会计平台。此外，智能财务体系还涵盖了基于人工智能技术的智能财务的纵向发展层面。

（一）基础层——流程自动化

随着四大会计师事务所相继推出财务机器人从事财务会计工作，机器人流程自动化（Robotics Process Automation, RPA）逐渐为人们所熟知。据普华永道会计师事务所（PWC）所言："RPA是一种智能化软件，通过模拟并增强人类与计算机的交互过程，实现工作流程中的自动化。"近年来，RPA发展迅速，市场份额从2017年的5.19亿美元增长到2018年的8.46亿美元，增幅高达63%。2018年，多数欧美大型企业已应用该技术，我国RPA的快速增长是从2019年开始。RPA在会计领域的应用主要涉及两个方面：一是实现账务处理自动化的财务机器人；二是实现税务处理自动化的税务机器人。

RPA可以替代人工，高效自动地完成传统财务工作流程中重复性强、结构化、技术含量低的工作。安永RPA不仅可以模拟人类，还可以利用和融合现有的各项技术实现流程

自动化的目标。财务机器人通过编制并发布机器人指令给机器人服务控制器分配任务，并对其执行过程进行监督，通过与业务程序交互，对结果进行审查与评估，最终完成任务。

（二）核心层——智能财务共享平台

近年来，共享服务深入各行各业、各个领域。共享服务将共性较强的业务从原部门分离，然后整合在一起，使其可供同一机构的多个部门使用，较为典型的是财务部门，财务共享是经济发展放缓和全球化扩张的产物。

传统财务共享模式是基于传统财务模式下的财务集中处理，而传统的财务体系存在诸多弊端：一是分离了财务流程和业务，致使财务流程的诸多环节出现冗余；二是时效性差，由于账务处理时间滞后，以致所提供的财务信息无法及时反映现实状况，影响企业决策；三是获取的财务信息片面、失真大量存在，影响企业管理。传统的财务体系存在的严重弊端使得传统财务共享模式并不能为会计行业创造大量价值，其创造的价值总是难以达到预期的效果。在智能技术的驱动下，传统财务共享中存在的环节冗余、信息滞后、管理不当等弊端得以改进，财会人员逐渐跳出传统共享模式的思维局限，更多地关注业财税融合，竭力构建智能财务共享平台。

众所周知，财务只有与业务真正融合才能发挥出价值创造的效力。然而，业财融合提了很多年，在企业中却很少能成功落地。在传统财务共享模式中，业务流程、会计核算流程、管理流程是相互分离、没有进行有机融合的，如今，随着云计算、人工智能等智能技术对传统财务共享模式的冲击，智能技术作为一种技术手段将这三个流程有效地完全连接在一起，进而产生了业财有机融合，实现了业财深度一体化的智能财务共享平台。

智能财务共享平台在对传统财务共享平台的弊端进行改进的过程中，还对其优点进行了吸收。在优化传统财务共享平台的基础上，智能财务共享平台将共享领域从记账算账领域延伸到业务端领域，还增添了商旅共享系统、税务共享系统等创新模块。之所以把智能财务共享平台称为智能财务的核心环节，是因为其在智能财务中起着承上启下的作用，向前打通财务和交易，向后支撑管理，使得企业回归以交易管理为核心的运营本质，重构传统财务处理流程，实现交易透明化、流程自动化和数据真实化。

（三）深化层——基于商业智能的智能管理会计平台

当人们徜徉在信息技术的海洋里的时候，海量的数据正以不可阻挡之势充斥着人们的视野，企业如何在错综复杂的海量数据中提取所需信息呢？这时需要借助商业智能（Business Intelligence）进行信息的处理。商业智能通过收集来自不同数据源的数据，提取整合出正确有效的数据，进行数据分析与处理，以支持企业的分析决策并实现其价值。基于商业智能的智能管理会计平台充分利用商业智能模型化、多视角、大数据和灵活性等技术特点，使企业可以获得贴合不同用户需求的多维度、立体化的数据信息，进而对管理者的决策过程提供智能化支撑。

（四）纵向发展——基于 AI 的智能财务平台

随着会计行业在数字化、平台化、生态化的发展道路上越走越稳，信息处理平台逐渐朝着智能化方向发展。会计行业经历了电算化和信息化的过程，然而，在电算化和信息化的发展阶段，虽然部分业务活动借助于软件系统实现了会计电算化，业务流程实现了自动化，但是在这一阶段，财务软件和会计人员并不是融为一体的，而是相互分离的，这在本质上并没有改变财务处理的流程和基本的组织结构。

当前，行业正大力构建智能财务平台，同时有一部分企业已将智能财务平台投入使用，如基于人工神经网络的会计要素自动确认过程，此种智能财务平台已实施落地并被广泛使用。随着"智能＋"时代的到来，各种智能技术的冲击带来了商业环境的急剧变化，传统的会计数据处理方法也面临新的挑战。在整个会计史中，信息技术不可避免地引发了会计革命。信息系统经过会计信息化和管理信息化后，逐步朝着智能化的方向发展，会计信息系统将来的发展一定会很大范围地使用智能信息系统，利用这种数据处理技术来探索从经济事务向会计信息的转变。

人工智能包括的技术众多，当前，与智能财务相关的信息技术主要有模式识别、人工神经网络、专家系统、自然语言理解、知识图谱等。智能财务平台的构建离不开智能技术的支撑，技术对行业的赋能催生了一批智能财务产品与智能财务平台，例如，智能财务平台有基于大数据和智能算法的全球资金管理平台。行业数字化、智能化有助于提升企业的全球资金管理能力，赋予了资金管理更加智能、便捷的能力，各种智能财务平台的出现为企业会计工作的开展提供了更加高效、便利的条件。

会计具有几千年的发展史，在人们会制造和使用工具时就有了最初的结绳计数等简单的会计雏形。从最原始的结绳计数到如今逐渐显现的智能会计，会计行业实现智能化并不是一蹴而就的，而是一个循序渐进的过程。作为智能财务的主体，企业可以借助于政府的引导作用，利用市场机制协同多方社会力量，有计划、有步骤地完成智能财务的发展目标。基于上述分析，企业要实现智能财务，应遵循以下几个方面的行业智能化发展路径。

一是企业要想让智能技术最大限度地发挥其对行业智能化转型的技术支撑作用，首先要对智能财务的发展趋势有一个明确的认识。传统会计行业如果不能顺应"智能＋"时代的发展潮流进行转型升级，终有一天会被人工智能取代。因此，企业要想永续经营，必须与时俱进，正确认识由财务会计向智能财务转型的必要性，紧跟企业发展的战略目标，始终让智能财务建设与企业发展的战略保持一致。

二是企业在转型升级的过程中，不应盲目地进行，而应结合自身的实际情况，制定一个长期发展规划，井然有序地根据企业的长期发展战略进行转型升级。无论在企业经营的哪个过程中，技术的投入使用都应该寻找合适的契机，选择合适的切入点，并随着建设的逐步推进，从技术、组织和管理的角度，分阶段、分模块、有计划、有步骤地展开。

三是企业应当对管理机制、组织架构、业务流程和信息系统进行调整与规划，使其适应"智能+"时代智能财务的发展趋势。在管理机制方面,应当随着新时代、新形势、新要求的发展趋势做出相应的调整,建立健全企业管理机制,完善企业的内部管理,在激励制度和约束机制的双重作用下,最大限度地激发企业的发展活力。在组织架构方面,要剔除传统的组织架构惯例,搭建科学的组织架构。在业务流程方面,通过对业务流程进行重组,优化业务流程,搭建科学高效的业务流程。在信息系统方面,要借助智能技术对信息系统进行改造与升级,使其适应智能财务转型的发展需要。

四是企业在智能财务转型升级的过程中,应当从社会全局出发,兼顾方方面面,充分地考虑财务转型过程中面临的各种问题及其对社会产生的影响,同时要注意发展过程是否符合国家相关法律法规的要求和信息技术的内在发展规律,还需要对每一项重要的变革进行伦理分析,确保智能财务向着对人类有利的方向发展。

第六节　智能金融:全面赋能金融机构

一、金融革命:人工智能驱动金融转型

当前,人工智能技术在全球范围内蓬勃兴起,为经济社会发展注入了新动能。随着智能技术与各行各业的融合日益密切,人类正迈向智能新时代。人工智能与金融行业的深度融合为传统金融提供了转型升级的契机。人工智能等智能技术正在重塑金融行业,对金融行业产生了重大影响,勾画出智能金融的美好蓝图。

(一)互联网金融现状

互联网金融是有别于传统金融、以互联网技术为搭建平台的金融模式。互联网金融有广义与狭义之分:广义的互联网金融是指新型资金融通模式,是网络信息技术与金融服务的完美结合,既包括传统金融机构借助于互联网技术的高效性、便利性提供线上服务,又包括利用新生金融模式开展金融业务;而狭义的互联网金融专指运用互联网平台提供金融服务、开展金融业务的新型金融模式。

互联网金融的本质仍是金融,而互联网只是搭载平台。人们随处可见的网络支付以及小型网络信贷是互联网金融的主体。随着互联网技术的普及,使用微信、支付宝等第三方支付平台进行交易的人数日益增多,基于互联网技术的第三方支付逐渐取代了现金支付,市场占有率逐步扩大,给消费者的日常生活提供了便利。

在金融衍生品市场上,互联网金融的发展为人们提供了理财产品和信贷产品等金融衍生产品。互联网金融衍生产品相对于传统金融机构来说,具有利率高、门槛低等优势,得到了众多消费者的青睐。然而,我国在金融衍生品市场的起步较晚,市场结构仍需进一步改进和完善,且交易品种匮乏,难以满足消费者多样化的需求。

金融行业由传统金融向互联网金融转型的过程确实给人们的生活带来了诸多便利，然而，互联网金融在创造更多价值的同时，也带来了新的金融风险。

一是国家对互联网金融的监管没有形成统一的标准，尚未建立健全监管法规。当前的立法大多是针对传统金融的，而关于互联网金融的立法尚未完善，使得互联网金融纠纷时有发生，甚至互联网金融诈骗频发。同时，国家对互联网金融进行管制的力度难以把握，如果一开始对互联网金融的管制力度过大，则可能将互联网金融扼杀在摇篮里，而如果降低互联网金融的准入门槛，则可能会有企业贸然进入互联网金融市场，导致一系列经济风险，从而造成经济损失。

二是花呗等互联网借贷平台对用户的审核力度偏低，这类平台的交易数据并未纳入个人征信系统，可能造成一定的信用风险。而各种P2P平台也缺乏个人资质的审核，借贷者上传个人身份信息和财产信息就能轻松借款，无法准确判断借款人的借款资质，也容易引发道德风险。

三是互联网金融面临着网络安全风险。从字面意思来看，互联网金融是依托互联网技术开展金融业务的，然而，当前人们的网络安全意识薄弱，且网络安全知识的储备严重不足，利用互联网办理金融业务时易遭受黑客的攻击，导致客户信息被盗窃，客户及金融机构的利益严重受损。随着互联网技术与金融行业的联系日益紧密，借助于互联网开展的金融业务日益增多，同时存在着严重的消费者个人信息泄露的现象，许多不法分子利用窃取的个人信息进行网络诈骗。近年来，电信诈骗、金融诈骗等利用用户个人信息牟利的现象频繁出现，不法分子进行互联网金融诈骗的方式和种类也日益增加，如P2P骗局、身份证贷款骗局、互联网理财产品骗局等。当然，以上互联网金融骗局的本质特征是一样的：其一是高息的诱惑；其二是这些平台投入了大量的资金进行广告宣传，无论是在校园还是在各大闹市里，关于高息存贷款的海报、传单等都铺天盖地地袭来，甚至电视频道也在播放理财产品。

（二）人工智能对金融行业的影响

在经济全球化的冲击下，金融行业发展迅速，但互联网金融逐步显现"瓶颈"。在人们迫切寻求应对措施之时，以大数据和云计算为底层技术支撑的人工智能技术，为突破互联网金融"瓶颈"提供了有效的解决方案。人工智能技术与金融行业的融合顺应了行业发展的潮流，重塑了金融市场、金融机构、金融消费者、金融风险管理以及金融创新的发展模式，对金融行业产生了颠覆性的影响。

（1）在金融市场方面。金融市场是资金融通的市场，因此又称其为资金市场，是金融产品进行交易的场所。金融市场是由许多大大小小的不同市场组成的一个庞大的市场体系，它与我们日常生活中所了解的市场略有不同，存在交易对象、交易双方的关系以及交易形式有别于其他市场的特点。在交易对象方面，资金是金融市场的交易对象，其他市场的交易对象则为商品和服务；在交易关系方面，涉及买卖双方进行商品和服务交易的活动关系一般为买卖关系，而在涉及资金交易的金融市场中，交易双方之间的关系为借贷关系。此外，金融市场和其他市场所具有的交易形式存在差异，在其他市场中，一般是有形的交易，而在金融市场中，既可以是有形交易，又可以是无形交易。

按照不同的分类标准金融市场可分为不同的类型，一般根据金融市场交易工具的期限将金融市场划分为货币市场和资本市场。货币市场是指由期限在一年以内的各种金融资产交易活动组成的场所，而资本市场又称为长期资金市场，是指以期限在一年以上的金融资产进行交易的市场。随着人工智能时代的来临，金融行业也引入了人工智能技术。人工智能能够模拟人的某些思考过程和智能行为，高速运算海量数据，运用优化的算法提炼数据，并根据所得数据做出决策。货币市场和资本市场在人工智能技术的助推下，从海量的信息中提取出有用的数据，并将其与相关信息进行整合，进而制定金融交易决策，使得投资优势量化。

（2）在劳动力市场方面。人工智能在给人们带来众多高科技金融产品的同时，也引发了金融业的部分工作岗位被取代的危机。据全球性管理咨询公司波士顿咨询公司（BCG）在访谈了金融业和人工智能行业的诸多业界精英后建立的"BCG 2027人工智能对金融业就业市场影响模型"推测，到2027年中国金融业约23%的工作岗位将受到人工智能带来的颠覆性影响，其影响方式为岗位削减或转变为新型工种，其中银行、保险和资本市场的工作岗位削减比例分别为22%、25%和16%，而其余77%的工作岗位在人工智能的支持下，工作时间将减少约27%，相当于效率提升38%。人工智能对金融业劳动力市场的影响主要表现为岗位削减或转变为新型工种以及创造新的岗位。其中，岗位削减或转变为新型工种是对现有岗位而言的，人工智能创造新的岗位则增加了金融人员就业的种类。在不久的将来，部分金融行业的岗位将被人工智能取代，人工智能在金融行业的应用将会把低端金融从业人员从简单乏味的体力劳动中解放出来。例如，从人工智能技术在银行业的应用来看，开卡等简单的业务已由之前的人工办理转变为现在的客户在机器设备上填写相关信息等而自助办理，基于人工智能技术的智能客服机器人也逐步取代了客服等低端岗位。但是，涉及重大决策这一较为高端的环节时，在短期内人工智能可能还不能达到替代相应的岗位的技术高度，这些高端、复杂、更依靠脑力劳动的工作岗位依然更多地依赖人为操作。此外，人工智能改变了金融从业人员的劳动力分配，各层次的就业需求发生了改变，减少了对低端金融从业者的需求，更青睐于高端的金融从业人员，更倾向于具有多项技能的复合型金融从业人员。

（3）在金融创新方面。人工智能技术与金融行业的深度融合发展，是人工智能行业与金融行业创新转型的必然结果。人工智能技术对金融创新的影响可从金融服务、金融数据处理效率和金融风险控制三个角度来考虑。

首先，在金融服务方面，金融行业属于服务行业，而服务行业旨在为客户提供高质高效的服务，金融行业也不例外。金融行业通过与客户之间进行有效沟通与交流为客户提供个性化的、定制性的金融产品和金融服务，最大限度地满足客户的需求，深挖客户潜在的需求，以释放出金融强大的创造价值。近年来，金融市场有着越来越多的客户群体和越来越多样化的客户需求，企业应借助于人工智能技术对外界的语言文字进行识别，对业务流程进行优化，进而将结果反馈给渠道终端，完成企业与客户之间的对话交流，最终使得企业所提供的服务为客户带来良好的体验。

其次，金融市场的交易对象为资金，这在一定程度上决定了金融行业与其他行业之间或多或少地存在着联系。金融行业在经营过程中会产生大量的数据，如交易数据、客户信息等，这些数据仅依靠人工进行核算与分析工作量无疑是巨大的，且准确度难以保证，这必然无法指导企业金融活动的开展。人工智能技术与金融行业的融合无疑为金融数据的分析与处理提供了有力的技术支撑。此外，人工智能提高数据处理效率，实现金融数据建模，将非结构化图片、视频等转化为结构化信息，并对相应数据进行定量和定性分析，既充分利用了金融行业的海量数据，又提升了金融处理效率。

最后，在金融风险控制方面，金融风险控制业务涉及的业务流程多且复杂，无论是用户资料收集这些简单的业务环节，还是逻辑校验这些较为复杂的业务环节，如果仅依靠人工进行操作，不仅需要大量的人力、物力，还极有可能滋生群体欺诈。将人工智能技术应用于金融风险控制过程中，可有效解决当前金融风险控制面临的诸多痛点，在事前、事中、事后的各个环节中增强了金融风险控制的能力，将事前预警、事中处理和事后监督集中于一体，降低了金融风险。然而，目前行业的智能风险控制尚处于起步阶段，行业内部的智能风险控制能力并未形成统一的标准，各大金融机构和金融企业的风险控制水平参差不齐。但不管怎样，人工智能通过把客户行为分析和资产负债状况相结合，利用移动终端设备和IP地址等多层次信息构建的客户关系图，突破了识别联系人中借贷人个数等简单风险控制因素的传统手段的局限，深度拓展了金融风险控制的覆盖范围，广泛管控网络全局风险，对于推动普惠金融的发展大有益处。

（4）在金融消费体验方面。人工智能对金融消费体验的影响可从金融产品和金融服务两个方面来考量。

一方面，互联网金融产品的弊端被放大。例如，打车软件通过对用户进行红包补贴、抽奖等方式诱导促销、虚增收益，导致市场秩序混乱，引发恶性竞争的局面。随着智能技术与产业融合逐步紧密，金融科技公司深度挖掘用户需求，借助于能够对用户的消费进行智能监管、智能风险控制等的"智能＋产品"，为用户提供科学、有效的建议，不受时空的束缚。

另一方面，面对金融消费群体的扩张和客户多样的需求，人工智能通过多渠道提升消费者的金融服务体验。语音识别技术的应用为客户与企业搭建了高效交流的平台，该技术凭借智能识别使信息与数据库建立连接，并将结果实时反馈给渠道终端，最终反馈给客户，实现企业与客户之间高效且有效的交流。与此同时，智能客服将识别、分析与挖掘计算机的日志信息，为客户群体进行决策提供正确有用的数据。

二、智能科技：构建新型金融业态

智能金融是大数据、人工智能等智能技术与金融行业的深度融合，借助于智能技术的核聚变对传统金融行业进行改造与赋能，弥补了传统金融行业的不足，使金融行业呈现出新业态。金融科技的发展经历了电子化、信息化、网络化、移动化时代，随着机器学习、自然语言处理、知识图谱等技术的发展，算法、数据、硬件处理能力不断提升，各类智能金融应用相继出现，金融科技已逐步进入智能阶段。

（一）智能风险控制——防范欺诈风险

当今世界，数据无处不在，信息瞬息万变。在智能科技全面赋能金融的时代潮流下，有金融业务的地方就少不了智能风险控制的存在，也可以说，智能风险控制是金融业务在"智能＋"时代的"标配"。金融的核心是风险控制，而风险总是存在的，为了将风险事件发生的概率降到最低或使风险发生时企业的损失降到最小，企业管理者需要采取风险规避、损失控制、风险转移、风险保留等一系列风险控制措施。

然而，信息不对称、成本高、时效性差、效率低等传统金融机构和互联网消费公司的弊端逐步显现，在贷前、贷中、贷后等各个风险控制环节都存在不同程度的痛点，传统的风险控制手段已难以满足消费者的需求，在大数据、人工智能等智能技术的驱动下，智能风险控制应运而生。金融业从业人员普遍把智能风险控制定义为：智能风险控制是智能化技术手段在金融领域的重要应用，通过构建智能风险管理体系，突破以人工方式进行经验控制的传统风险控制的局限性和空间性。

与传统的风险控制手段相比，智能风险控制在身份验证、授信、审批、反欺诈、存量客户管理、催收等风险控制环节有了较大的改进与突破。在身份验证环节，由传统的人工审核和专家经验优化为利用智能技术进行机器自动化审核；在授信环节，授信的依据发生了改变，传统环节的授信依据央行征信等结构化数据，智能风险控制的依据则做了进一步的扩展延伸，涉及的数据范围更广、内容更丰富，不再局限于结构化数据，还涉及非结构化数据；在审批环节，传统风险控制中的审批需要耗费大量的人力和物力，而智能审批可以综合前面流程中的多维数据、差异化定价模型实现自动化审批，节省时间，解放人力；在反欺诈环节，在各种技术条件的限制下，时效性差是传统审批的一大痛点，传统风险控制并不能在金融业务的全过程实施风险识别和管控，而只能在事后识别和管控风险，随着基于机器学习算法构建的反欺诈模型的应用，智能风险控制可从事前预测、事中监控、事后管控全方位识别和规避风险，降低欺诈损失；在存量客户管理环节，智能风险控制通过智能化管理措施主动对存量客户进行存管，强化客户价值，扩大覆盖面，提升运营效率；在催收环节，智能技术有望赋能催收产业实现智能化、科技化、合规化，如风险程度预测、定制催收策略等。

智能风险控制将机器学习、人脸识别、知识图谱、语音交互等多种人工智能技术应用于的各大环节，缩短了审批时间，提高了审批时效，为金融机构节约了人力和物力成本，提高了风险控制效率，加大了保障客户隐私的力度，为消费者提供了更优质的金融服务体验。

（二）智能支付——开启便捷消费体验

在互联网时代，移动支付在我国发展迅猛，微信、支付宝等移动支付方式随处可见，人们出门可以不带现金，只需一部手机便可解决衣食住行。与传统支付方式相比，移动支付方式为人们提供了极大的便利。然而，随着时代的发展，人们总是追求更好的生活品质，已不再满足于刷二维码的移动支付方式。于是，人们开始寻求不用手机也可以支付的方式，例如利用人脸、指纹、虹膜、声纹等人的生物特征作为识别载体的智能支付方式。

以现在流行的刷脸支付为例，刷脸支付的应用使消费者完全可以什么都不带就出门购物、吃饭等。刷脸支付明显比刷二维码支付方便得多，这是因为支付平台嵌入了人工智能技术，升级了智能引擎，借助于人工智能技术的智能记忆功能在消费者常去的场所自动识别身份，完成刷脸支付。这样，人们就不必为没带手机无法消费而苦恼，智能支付为人们可能面临的诸多消费场景提供了有效的解决方案。

随着智能技术的应用与发展，刷脸支付的时代即将到来，刷脸支付甚至有可能全面取代二维码支付，成为继 POS 机支付、NFC 支付、二维码支付之后的又一新型支付手段，进而引发第四次无现金智能支付革命。

（三）智能投顾——实现普惠金融

智能投顾（Robo-Advisor）是智能投资顾问的简称，在人工智能等智能技术与金融业日益融合的时代潮流之下，投资者的普惠金融需求日益明显，智能投顾作为一种新兴产物助力智能金融的构建与完善。智能投顾这一术语最早可追溯到 2010 年的机器人投顾技术，因此又把智能投顾称为机器人投顾。所谓智能投顾，即利用基于大数据挖掘技术和深度学习算法的投资顾问系统，一方面对客户的投资行为进行精准画像，另一方面对机构提供的产品组合进行深度挖掘、优化，根据用户的风险承担水平和收益倾向，合理评估用户的投资偏好，从而对客户的个性化需求进行精准配置。

公开资料显示，全球智能投顾管理资产规模在 2016 年为 1280 亿美元，在 2017 年增长到 2264 亿美元，年同比增长率高达 78%，2018 年仍保持飞速增长，资产规模达到 3740 亿美元，年同比增长率高达 65%。

智能投顾作为智能金融的一项重要应用，从 2014 年开始进入中国市场。智能投顾虽然在我国起步较晚，但发展速度惊人，逐步被市场接受并赢得了消费者的青睐，成为消费者理财的好帮手，为我国智能金融的快速发展提供了高效高质的理财服务。自 2016 年末招商银行推出我国首个智能投顾系统"摩羯智投"以后，各大金融机构相继推出智能投顾产品，我国智能投顾产品市场进入了高速发展时期。

（四）智能监管——维护金融安全

监管科技（Reg Tech）指的是能够高效和有效解决监管和合规性要求的新技术，包括大数据、人工智能、云计算、区块链等智能技术，监管科技为智能监管的开展与实施提供了技术支撑。金融监管是对金融机构及其经营活动进行监督与管制，保证其金融交易活动有序合规开展的政府规制行为。人工智能技术的应用及其与各行业的融合发展对金融机构的组织架构、运营模式、发展理念等进行了调整与重构，也对监管产生了冲击。传统的监管机制已无法满足在人工智能等智能技术的驱动下各种新业态发展的需要，智能监管逐步发挥其效力。

自智能化浪潮席卷金融监管领域以来，监管机构在反洗钱、非现场监管、监管云平台、风险侦测等监管环节有了较大突破。智能监管系统借助于交互式分析组件和结构化数据存储，对来自工商、司法、税务等多个渠道的数据进行数据质量稽核审查和元数据管理。此外，在进行金融交易时，智能监管能够实现大额交易分析、可以交易分析、异常行为分析、高风险业务分析等，采集风险信号，为金融管理者进行风险预警。

三、科技赋能：商业银行的智能转型之路

大数据、人工智能等智能技术对包括银行在内的金融业产生了广泛而深刻的影响，商业银行的智能转型势在必行。

（一）传统商业银行的现状

银行是现代金融业的主体，作为国民经济的核心产业，与我国宏观经济的发展密不可分。四十多年波澜壮阔的改革开放极大地促进了我国经济的发展。然而，近年来，我国经济增长速度开始放缓，经济发展进入了由高速增长向高质量发展的新常态，在宏观经济持续放缓和银行监管日益趋严的背景下，我国五大国有银行在合理的增速区间内保持稳健发展态势。

银保监会公开的数据显示：2020 年第一季度末，我国银行业金融机构本外币资产302.4 万亿元，同比增长 9.5%。其中，大型商业银行本外币资产 124.0 万亿元，占比为41.0%，资产总额同比增长 10.3%；股份制商业银行本外币资产 54.2 万亿元，占比为17.9%，资产总额同比增长 12.8%。宏观经济环境的变动使得我国银行金融产品的质量虽有所下降，但面临的风险仍在可控范围之内。同时，我国大型国有银行不断拓展业务规模，不断提升综合实力，各种外界环境的冲击及我国采取的有效应对措施，使得我国银行业仍处于国际同业的良好水平。

当前，面对国际国内经济金融一体化发展，商业银行数量暴增，虽然存款业务、贷款业务和中间业务依然是我国银行的三大基础业务，但是我国银行中间业务的收入仍处于较低的水平。从总体上看，我国银行的利润绝大多数还是来自存贷款利息差，这进一步导致各大银行所提供的产品和服务是类似的，各大商业银行不得不借助于打高息揽存的价格战

来吸引更多的存款人，加剧了各商业银行之间的竞争。

在存款业务方面，类似于余额宝的高息活期理财产品的出现，以及个人和企业理财意识的日益增强，大众在进行理财规划时更倾向于将资金投入理财、股票、债券、基金等产品，这使得银行的存款业务来源减少。因此，银行为了吸引更多的公众资金，只得将公众存款收益率提高到其预期收益率，这必然会增加银行的资金成本。

由于各大电商平台为公众提供借款的条件较低，因此部分个人客户转向电商平台进行直接贷款。同时，企业多样的融资选择使其不再依赖于银行进行融资，导致了越来越高的金融脱媒程度，银行不得不将业务对象由信誉良好的大中型企业转向不确定性较高的中小型企业，这不仅导致了银行业务空间遭遇来自第三方平台的竞争，还减弱了其获客能力。此外，银行在营运成本增加的同时，也承担着较高的借贷风险。

新一代信息技术对商业银行的传统业务产生了冲击，且由于客户追求更高质的产品和服务，银行不得不优化其提供的产品与服务。当下，金融产品的消费主体多为年轻一代，传统的金融产品和服务已难以满足他们多样化的需求，伴随着信息技术成长起来的新一代的银行目标客户对于金融服务的需求与过去大不相同，他们选择金融服务的依据不再局限于利率水平，比起千篇一律、标准化的金融产品和粗放式的服务模式，个性化、便捷化的产品和服务更加深入人心。各大商业银行要想在激烈的市场竞争中夺得一席之地，占据一定的市场份额，就必须顺应客户群体偏好的改变，推出受客户青睐的产品和服务。

（二）传统银行智能化转型的路径

随着"智能+"时代的到来，经济社会出现了大量的新兴产业，在产业转型升级的关键节点，新旧动能交替融合发展，打破了各行各业的供需方式，使企业不断调整经营战略，重组业务结构。在互联网金融弊端日益显露，而"智能+"金融强势崛起的行业背景下，我国各大银行不甘示弱，紧跟时代发展的需要，综合金融服务成为银行业关注的焦点，大型国有银行、股份制银行等各大银行开始了智能化转型之路。借助于人工智能、大数据等智能技术对银行业的赋能，近年来银行新业态层出不穷，新的服务模式不断涌现，无人银行等智能银行的出现为我国传统银行的转型升级提供了发展机遇。

虽然我国早在20世纪80年代就提出要使商业银行实现金融电子化，但是智能银行这一概念在我国的发展时间并不长。我国最早提出智能银行的概念要追溯到2009年花旗银行在上海新天地设立了我国的第一家智能银行，此后经过几年的探索，智能银行与人们的生活联系日益紧密，智能银行的概念逐步在国内盛行。所谓智能银行，是指借助于现代科技手段，能够为客户提供全天候不间断自助服务以及远程人工服务的智慧型银行。智慧型银行能够为客户提供的常见服务包括存款、转账、自助开户、自助申请储蓄卡以及自助申请信用卡等。智能银行能够为客户提供随时、随地以及随心的服务，能够优化客户体验，提高客户对银行服务的满意程度，有效支持客户规模扩大，推动我国商业银行转型升级。

商业银行在由传统银行向智能银行转型的过程中突破了时间和空间的限制，随着新一代信息技术的发展及其与行业的深度融合，远程智能柜员等银行智能机器设备的应用，使得客户在办理某项银行业务时可以随时随地进行业务操作，而不一定要到营业网点。智能银行的出现在给客户带来了极大便利的同时，也在一定程度上减少了银行柜面人员的数量，降低了银行的成本。随着银行网点智慧化、无纸化、智能化的逐步实现，智能银行成为"智能＋"时代银行发展的必然趋势。

人工智能等智能技术在银行业的应用加快了我国商业银行数字化、智能化的步伐，为我国商业银行的转型升级提供了有力的技术支撑。商业银行智能发展的路径主要体现在服务能力、产品创新、金融生态圈三个方面。

首先，在服务能力方面，近年来，金融科技在银行业的应用深刻改变了银行的业务发展、服务方式、交易模式，金融科技和大数据的应用打造了集渠道、产品、服务三位一体的全新金融服务。同时，银行业借助大数据、人工智能等智能技术对客户的偏好和需求进行深入分析，合理分析客户的借贷与投资行为，精准洞察客户的服务需要，精确判断客户的合意需求，通过精准营销和智能获客主动地为客户提供合乎其需要的金融服务，以实现金融服务全过程智能化、个性化、定制化。

其次，在产品创新方面，对于传统的商业银行而言，其拥有的金融产品虽数量多但同质性较高，而且这些金融产品大多模仿国外的产品，我国自主研发的金融产品较少，加之产品市场定位的差异，以及不同客户的不同需求难以确定，我国商业银行金融产品一直发展缓慢。此外，以往推出的金融产品创新多为满足企业融资的需求，且融资过程的复杂程度超越了银行自身的专业范围，使得金融产品创新的动力严重不足，推出的金融产品大多难以满足企业全面性、综合性的融资需求。借助于金融科技，银行全方位地将金融服务和金融产品从线下向线上迁移，特别是加快推进线上信用贷款产品，收集客户特征数据、行为数据、偏好数据，精准地对客户进行画像，在画像基础上充分利用人工智能算法建立相关评分模型，实行线上信用评分，以确定信用贷款限额和定价，实现秒级审贷、秒级放贷，提高信贷效率，降低运营成本。

最后，在金融生态圈方面，当前，银行与互联网金融已经融合为"你中有我，我中有你"的服务格局，金融服务的边界日益模糊，而获得长期稳定的客户是当下大多数商业银行所追求的目标。基于此，商业银行自身要加强渠道整合，打造一个集线上、线下于一体的金融生态圈。对于线上渠道，通过优化线上渠道界面、拓宽渠道、提供精准而全方位的客户服务，提升生态圈内的客户体验和服务质量，完善线上金融生态圈。对于线下渠道，商业银行的线下渠道多样，我们要充分发挥线下多样化的渠道优势，促进金融生态圈与各级政府等管理机构建立密切联系，深化政务合作，协调各方关系，深化线下金融生态圈建设。最终提高金融服务软实力，建立服务标准和产品规范，引导、规范金融生态圈企业的金融服务行为，加速金融生态圈企业个性化的金融服务以及产品的定制和研发，在金融服务领域打造客户满意、企业急需和体验流畅的金融产品。

第七节　智能医疗：智能互联、信息共享

一、行业现状：智能医疗发展现状

当前，在经济发展新常态下，人们的生活水平日益提高，消费需求也随之发生了变化。虽然各行各业都或多或少地发生了调整，但不难发现，关系民生的医疗行业尤其明显，消费者更注重追求高质量的医疗服务。然而，当下我国医疗行业还存在一些问题，由于我国人口基数较大和医疗资源稀缺，当前的医疗水平很难满足全国 14 亿人口的医疗需求。

医疗服务流程涉及挂号、就诊、留观、出院、缴费、取药等。在看病难、看病贵的医疗困境下，基于人工智能、5G 等智能技术的智能医疗将智能技术融入医疗服务的导诊、影像、辅助诊断、医院管理等环节，简化了医疗流程，优化了医疗服务，不仅为医护人员提供了更先进的医疗设备，还为就医人群提供了更优质高效的医疗服务。

人工智能医疗从字面上理解就是"AI+医疗"，指的是以互联网为依托，借助于大数据、人工智能等智能技术为医疗行业赋能，通过打造健康档案区域医疗信息平台，利用最先进的物联网技术，实现患者与医务人员、医疗机构、医疗设备之间的互动，逐步达到信息化，为当下医疗面临的诸多痛点提供合理地解决方案，以高质的智能医疗服务助力人民群众美好生活愿景的实现。智能医疗也成为人工智能最具潜力的领域之一。

（一）智能医疗发展历史

对智能医疗最早的探索可追溯到 20 世纪 70 年代，英国利兹大学发明了通过贝叶斯算法根据病人的症状诊断患者腹痛原因的 AAPHelp。随后，由于该系统输入的症状和数据日益增多，其确诊的精确度也越来越高，甚至到了 1974 年，资深医生的诊断精度已不如 AAPHelp 系统，这是人工智能技术在医疗领域的最早应用。

人工智能在医学中初次较为成功的尝试，是 1976 年斯坦福大学研发的不仅能进行感染病诊断，还能提供抗生素处方的 MYCIN 系统。该专家系统开创了将人工智能技术应用于医疗领域的先河，为后来的医疗专家系统奠定了坚实的基础。

我国在人工智能医疗领域的开发研究始于 20 世纪 80 年代，虽起步较晚，但发展迅猛，尤其是进入 21 世纪以来，取得了重大突破。我国人工智能医疗早期研究成果有"关幼波肝病诊疗程序""中国中医治疗专家系统""林如高骨伤计算机诊疗系统""中医计算机辅助诊疗系统"等，其中，"关幼波肝病诊疗程序"是我国人工智能医疗的第一次尝试。

进入 21 世纪以来，国内外都加大了将人工智能技术应用于医疗领域的研究力度，成果众多，其中，影响最广的要数 IBM Watson 系统，该系统在肿瘤治疗方面有着出色的表现，当前，在癌症治疗方面较为资深的医院都在使用该系统。此外，英国人工智能公司

的 DeepMind Health 部门不仅参与了利用深度学习算法开展有关脑部癌症识别模型的研究，还研究了如何将人工智能技术应用于及早发现和治疗威胁视力的眼部疾病。

（二）智能医疗行业发展现状

近年来，人工智能技术与医疗的结合日益紧密，智能技术贯穿于医疗行业的各个环节。作为医疗行业未来发展大趋势的智能医疗，在产业智能化与智能产业化的行业背景下，释放出医疗行业的产业新动能。新一代信息技术的发展使得智能医疗的市场规模、投资状况等在短期内都有了较大变化。

（1）市场规模。虽然我国智能医疗行业的市场规模呈逐年上升趋势，但我国医疗行业仍存在诸多痛点：一是医疗资源分配不均；二是医护人员短缺。近年来，医患关系一直是亟待解决的一大难题，医患矛盾日益突出，如 2019 年 4 月发生的上海仁济医院事件，事件大概的来龙去脉是，加号的患者丈夫多次干扰医生就诊，与医生发生肢体冲突，患者报警称医生打人，之后医生因与插队患者发生争执而被警察带走。从整个事件来看，患者从外地来大城市大医院就医，事件发生的根本原因还是医疗资源分配不均，大城市拥有更优质的医疗资源，而偏远地区的医疗资源明显匮乏，以致患者大多集中在大城市大医院，致使大城市医疗资源供不应求，医疗秩序混乱，加剧了医患矛盾。

在医疗资源分配不均方面，不难发现沿海发达地区往往比偏远农村拥有配置更优的医疗资源，如更先进的医疗设备、更专业的医护人员等。由于落后地区的医疗资源有限，病患的某些相对棘手的病情并不能在当地得到很好的治疗，于是他们选择前往大城市大医院进行医治。医疗资源供需明显不匹配。幸运的是，"AI+ 医疗"政策的逐渐落地极大地缓解了看病难、看病贵的窘境。

（2）投融资现状。2013 年以来，信息技术与医疗行业的融合发展推动了我国医疗信息化的加速发展。2016 年，阿尔法狗（AlphaGo）打败世界围棋大师李世石，再次掀起了智能技术与产业结合的浪潮，人工智能医疗备受资本的青睐。近几年来，人工智能医疗投融资额显著走高。

前瞻产业研究院整理的数据显示，2016 年我国医疗健康产业 VC/PE 融资案例数为 678 起，2017 年为 455 起，行业融资事件 2017 年较 2016 年略有下降，下降幅度近 1/3，2018 年融资事件逐步回升，融资事件达到 639 起，融资案例数同比增长 13.1%。

虽然融资案例数上升幅度略小，但 2018 年医疗健康产业融资总额再创新高，行业 VC/PE 融资规模从 2016 年的 457 亿元上升到 2017 年的 474 亿元，融资规模增长率略有下降，2018 年行业 VC/PE 融资规模实现大幅度跃升，行业 VC/PE 融资规模高达 704.5 亿元，较 2017 年增加了 230.5 亿元，同比增长率高达 48.6%。

从近几年行业融资事件及融资规模数据分析来看，2017 年医疗行业整体融资规模呈平稳态势，主要原因是近年来医疗服务行业服务创新领域日趋成熟。此外，随着 2017 年 7 月《新一代人工智能发展规划》的发布，政府利好的政策再次掀起人工智能医疗发展热潮，行业热度持续上涨。

众所周知，一个行业要快速发展起来，除了自身存在可观的发展前景外，政府政策的支持对行业的发展也至关重要。近几年来，智能医疗行业发展得如火如荼，这得益于政府政策的有力支持。从国务院 2015 年 5 月发布的《中国制造 2025》到 2018 年 5 月发布的《关于促进"互联网＋医疗健康"发展的意见》，政府大力发展人工智能技术，鼓励人工智能技术与实体经济深度融合，为实体经济赋能，实现实体经济新旧动能转换，为"AI＋医疗"营造了良好的发展环境。

二、落地实施：智能医疗应用领域

医疗是我们需要关注的六大民生问题（教育问题、就业问题、收入分配问题、社会保障问题、医疗问题、住房问题）之一。根据前文的分析不难看出，虽然我国智能医疗行业的市场规模呈逐年上升趋势，但当前还处于起步阶段，各方面还有待进一步的探索与完善。从市场增长率来看，近几年我国智能医疗行业始终保持着 40% 以上的增速，市场规模扩大较快，近几年达·芬奇机器人的火爆进一步使投资者的投资意向投向智能医疗行业，国内医疗机器人行业备受资本投资者的青睐，推动了智能医疗机器人行业的快速升温。

（一）医疗机器人

医疗行业存在着医疗资源分布不均匀、医护人员短缺、医疗成本高昂等诸多痛点，使得传统医疗服务不能为公众提供合意的就诊体验。在"智能＋"时代，人工智能技术对医疗行业的赋能释放出"AI＋医疗"的魅力，人工智能技术的应用及其与行业的深度融合为解决医疗行业的诸多痛点提供了有力的技术支撑。在各种智能技术的加持和大批医护人员的共同努力之下，我国智能医疗机器人颇具发展潜力。

智能机器人始于 1959 年第一台工业机器人的诞生，而后逐步具有触觉、听觉、视觉等机器感觉，并延伸到各行各业，出现了传菜机器人、医疗机器人等。近几年来，不同领域的机器人的发展势头不尽相同。其中，汽车市场低迷，工业机器人增长有限，而家用服务机器人、医疗服务机器人、公共服务机器人等服务机器人增长势头正猛。一方面，公众提高了对生活品质的要求，使得服务机器人的市场规模增长迅速，发展态势可观；另一方面，老年人群是医疗服务的主要消费群体，当前，随着人口老龄化的加剧，社会对医疗服务的需求日益增加，医疗机器人表现出飞速发展的良好势头。虽然工业机器人发展历史最悠久，但目前智能机器人应用最多的还是医疗行业。

医疗机器人的首例成功手术是发生于 1985 年将 PUMA500 机器人作为辅助定位装置而成功完成的脑部手术。虽然医疗机器人仅有短短 30 多年的发展历史，但目前其应用范围已覆盖了全球 33 个国家，手术种类涵盖各医学学科。公开数据显示，近几年全球医疗机器人市场规模快速增长，医疗机器人市场规模从 2014 年的 87 亿美元扩大到 2015 年的 98 亿美元，增加了 11 亿美元，2016 年比 2015 年增加了 12 亿美元，市场规模达到 110 亿美元，人工智能医疗机器人在全球发展态势良好。但在我国起步较晚，我国人工智能医疗机器人占全球市场份额不足 5%，具有广阔的发展空间。

随着医疗行业逐渐朝着智能化方向发展，医疗机器人日益成为智能医疗的重要特征之一。根据国际机器人联合会（IFR）的分类方式，医疗机器人可以分为手术机器人、辅助机器人和服务机器人以及康复机器人四大类。目前国际上产业化较为完善的是手术机器人与康复机器人中的外骨骼机器人。

（1）手术机器人。手术机器人是一种新型医疗器械，能够在有限的自由度下完成一系列精准的操作，以其定位精度和操作精度提高手术成功率，实现微创手术，减少医生在手术过程中所受的辐射量，缩短患者住院恢复的时间。手术机器人的市场规模远高于康复机器人和医疗服务机器人，按照手术机器人在医疗过程中发挥的不同作用等差异，可将其分为操作手术机器人、手术导航系统、定位手术机器人三种。

操作手术机器人。顾名思义就是在微创手术中借助于内窥镜解决各种操作问题的手术机器人，主要用于各种软组织的微创手术，其以 3D 高清图像、人机交互等为关键技术，技术难度最大。最具代表性的产品为达·芬奇手术机器人，这是当前最成功且使用最广泛的手术机器人，一度成为智能医疗机器人的代名词。

手术导航系统。从字面意思上来看，我们可将其类比于导航地图，手术导航系统由导航追踪仪和主控台车组成，旨在实现在术中实时显示患者的内部结构图像以更好地进行手术操作，把图像配准融合、三维重建、动态追踪等技术融合应用于外科、微创介入及机器人手术，其技术难度略低于操作手术机器人，Brainlab 是最具代表性的手术导航系统。

以 Mazor 为代表的定位手术机器人。是一种类似于自动驾驶的智能医疗器械，主要用于解决微创手术中的定位问题，是集图像配准融合、精准定位、运动补偿等技术于一体的新型医疗器械，目前在骨科、口腔科、神经外科等科室应用较多。

（2）服务机器人和辅助机器人。服务机器人在医疗领域的主要应用包括配药送药、病人护理、医院消毒等；辅助机器人则是一种可以感觉并在处理感官信息后给予用户反馈操作的设备，主要应用是陪护机器人。

医疗行业的服务机器人可分为两种，即医疗服务机器人和健康服务机器人。医疗服务机器人是智能医疗机器人的一种，主要应用包括病患的救援、影像定位、康复或健康信息服务，常用于提供医院和诊所的医疗或辅助医疗卫生服务。当前，我国医疗服务机器人在医疗机器人中所占比重较大，占比为 17%，仅次于占比为 41% 的康复机器人。健康服务机器人也是医疗机器人的主要组成部分，健康服务机器人源于智能产品领域的创新发展，主要从事监护方面的工作。随着全球各国医疗、护理和康复的需求不断增加，以及人们对生活品质的追求不断提高，人们将对医疗服务提出更高的要求，而医护人力相对缺乏，这为健康服务机器人提供了发展机遇。在所有智能医疗机器人中，健康服务机器人占比相对较小，仅为 8%。

（3）康复机器人。康复机器人是医疗机器人的重要分支，是一种用于帮助病患更好更快地进行术后恢复的医疗器械，主要集中在康复机械手臂、智能轮椅、假肢和康复治疗机器人等方面。

康复机器人广义上可细分为外骨骼机器人、训练机器人和仿生机器人。公开数据显示，在智能医疗机器人中，康复机器人增速最快，其中外骨骼机器人将迎来爆发增长期。1987年，英国 Mike Topping 公司研制了一款康复机器人，名为 Handy 1，用以帮助一名患有脑瘫的 11 岁小男孩独立地用餐。2013 年，我国上海交通大学成功研制出第一台智能轮椅机器人 ROBOY，该机器人能对周围环境做出准确判断，自动规划最佳路径。

从全球行业发展格局来看，发达国家和发展中国家之间在对智能医疗产品的政策、行业投资环境、消费者接受程度等方面存在差异，康复机器人在不同国家的市场规模及增长速度也略有差异。北美地区作为康复机器人需求最多的地区，其市场规模占全球的比重已达到 53.76%，在剩下不到一半的市场份额中，尚处于初步应用康复机器人阶段的发展中国家仅占 26.01%，其他国家的占比则为 20.23%。

（二）智能医学影像识别

智能医学影像识别是指基于人工智能技术，对 X 线片、计算机断层扫描、磁共振成像等常用医学影像学技术扫描图像和手术视频进行分析处理的过程，其发展方向主要包括智能影像诊断、影像三维重建与配准、智能手术视频解析等。

当前，医学影像识别存在医学影像领域专业医生缺乏、人工阅片主观性高与耗时长、医学影像诊断精确度偏低、医学影像诊断速度较慢等局限性，将人工智能技术与医学影像识别领域深度融合具有高效率、低成本等优势，可为这些难题提供良好的解决方案。

近几年来，智能医学影像已成为智能医疗行业最热门的应用场景之一。Global Market Insight 的数据报告显示，智能医学影像识别在"AI+ 医疗"的应用场景中占有较大的市场份额，并以超过 40% 的增速在发展，市场规模增长较快。同时，融资额急剧增加，智能医学影像识别在"AI+ 医疗"各细分领域的占比仅次于药物研发的占比，智能医学影像识别是"AI+ 医疗"的第二大应用场景。

（1）智能影像诊断。医学成像可以透过不同的介质来形成图像，主要包括可以观察生物体的结构性特征，但无法观察其代谢情况的结构性图像，以及能够观测机体代谢情况的功能性图像。结构性成像是利用 X 射线、声音、荧光、磁场、光学等对机体的结构性特征进行观察与探测，如通过血管摄影、超声成像、核磁共振、光学相关断层扫描等成像技术做出影像识别与诊断。功能性成像是利用光子、正子、血氧水平、电流活动、磁场等对机体的代谢情况进行监测与反馈，如利用单光子计算机断层扫描、正子断层扫描、功能性磁共振成像（f MRI）、脑波图、脑磁图等方法对机体反馈的代谢活动进行识别与感应，以感应出机体各部位的功能性差异。

传统的医学成像过多地依赖专业的影像科医生对诊断结果进行判断，在没有专业的影像科医生在场时，急诊科医师对病人进行 CT 检查后，无法对病人颅内是否有异常做出准确的判断，导致影响病人的就医时间，导致病人等待时间过长，反映了医疗资源的匮乏。如果将深度学习算法引入医学成像领域，则可有效缓解传统医学成像的痛点。智能诊断系统不仅可以对形成的 CT 图像做出精准诊断、精确评估，还可以在没有专业影像科医生的情况下，对患者是否有脑出血做出判断，识别出可疑区域，以供临床医生更快更好地做出决策。

智能影像诊断通过深度学习算法，对医学影像的解读、异常检测、量化所需测量区域进行改进与优化，借助于计算机辅助设计（CAD）与图像分割技术对可疑区域做出明确辨识，帮助医生进行诊断。

（2）影像三维重建与配准。近年来，X 射线、计算机断层扫描（CT）、磁共振成像（MRI）、正电子发射计算机断层显像（PET）等现代医学成像技术的出现，促进了传统医学成像设备的更新与变革。医学影像可形成二维曲面和三维实体，传统的影像识别大多数是二维曲面，医生做出精准判断的难度较大，而智能医学成像设备所形成的医学影像多为三维实体，更贴近于患者的实际情况，便于医生更好地诊断，提高了诊断的精确度。

医生能够利用智能成像设备以三维模式全方位、多层次地分割与重建一系列断层图像，对患者病变区域采取无创伤手段进行观察与诊断，三维重建的模型为临床医生提供了诊断治疗的得力辅助工具，在现代医疗中发挥着越来越重要的作用。影像三维重建的需求，即针对手术环节需要，AI 医学影像产品在人工智能识别的基础上进行三维重建。针对这种需求，人工智能可以利用基于灰度统计量的配准算法和基于特征点的配准算法解决断层图像配准问题，节省配准时间，提高配准效率。

（3）智能手术视频解析。智能手术视频解析在智能手术中起着至关重要的作用，是智能手术的重要基础。智能手术视频解析将机器学习算法与医疗结合起来，通过对手术流程、手术特定动作、手术器皿等手术内容进行解析，让机器通过视频了解当前的手术操作，可以使计算机帮助医师在手术中做出合理的选择，协助医师规划下一步的手术操作，并通过比对数据库中的内容揭示手术中医师各个操作的细节。虽然手术视频解析起步较晚，目前只能应用于一些简单的手术（如胆囊切除术），但其已经具备较为成熟的技术思路和方法。

（三）智能药物研发

2019 年发布的由上海交通大学人工智能研究院等研究团队研究及撰写的《中国人工智能医疗白皮书》显示，在过去漫长的一段时间里，化学仿制品是我国药物研发的主流趋势。然而，化学仿制品具有耗时长、研发难度大、成本高、产出低等痛点。同时，我国仿制药研发极其困难，而国外的癌症新药、特效新药又难以进入我国市场。面对时间和资金的大量投入换来微乎其微的产出情况，政府和研发人员开始寻求新的技术以摆脱当前的困境，人工智能技术与药物研发相结合成为行业发展的必然趋势。

我国的药物研发具有广阔的发展空间，将机器学习与人工智能技术用于药物研发，不仅可以节约研发时间和研发经费，还可以提高药物研发的成功率。

药物研发过程可以分为药物挖掘和临床试验两个阶段。药物挖掘属于早期研究阶段，涉及靶点筛选和化合物筛选，这一阶段可分为化合物研究和临床前研究，一般需要 3～6 年的时间。临床试验又分为临床一期、临床二期、临床三期，涉及试验者招募和药物晶型预测，这一阶段耗时最长，需要 6～7 年的时间。只有经过药物挖掘和临床试验两个阶段的新药物才能进入药物审批流程，并最终进入市场。这一过程耗时较短，一般为半年到两年不等。因此我们不难发现，新药物从研发到上市需要 10～15 年的时间，平均成本 26 亿美元，其中药物研发的时间成本高达 11.6 亿美元。

人工智能技术应用于药物研发将起到很大的推进作用，新技术为解决药物研发难点提供了极大的可能。在靶点筛选过程中，人工智能技术可以代替研发人员对新的数据信息进行关注，并从海量的数据中筛选出有用的信息，以文本分析作为人工智能与药物研发的结合点，进行生物化学预测。药物挖掘亦即先导化合物筛选，有高通量筛选和虚拟药物筛选两种方式。将计算机视觉与高通量筛选结合起来，可以在短时间内完成对药物的筛选，提高筛选的效率。将机器学习与虚拟药物筛选结合起来不仅可以降低药物筛选的成本，还可以提高筛选的精确度。Atomwise 开发了基于卷积神经网络的 AtomNet 系统，该系统通过学习化学知识和研究资料，可以分析化合物的构效关系，识别医药化学中的基础模块，用于新药发现和评估新药风险。2015 年，AtomNet 仅用时一周就模拟出两种潜在用于治疗埃博拉病毒的化合物。

在试验者招募过程中，一般难以在短期内找到一定数量的符合试验要求的患者，这无疑会影响药物的上市时间，而如果借助于人工智能技术对患者的病例进行分析与筛选，则可以大大缩短招募时间及提高招募者的质量，精准定位目标患者。药物晶型是影响药物质量和临床效果的关键因素，并且其专利价值巨大，在药物晶型预测过程中，人工智能技术根据不同晶型的药物的稳定性与疗效对药物晶型做出高效动态的配置，以预测出全部可能的晶型，进一步从所有可能晶型中筛选出合适的晶型，缩短了开发周期，节约了成本。

（四）智能健康管理

健康管理是一种全面管理人们可能遭遇的各种健康危险因素的过程，其采取的是一种非医疗的手段，对人们的身心进行监测，以调动人们的积极性，从而达到最大的健康效果。随着人们追求更加高质的生活体验，智能健康管理成为医疗行业发展的一个新动向。智能健康管理以大数据、人工智能技术等新一代智能技术为支撑，以为大众提供高质的智能医疗服务为目标，竭力为人类打造健康高质量的生活，是智能技术与医疗行业深度融合而催生的一种新业态。如果说健康管理是社会发展的现实需要，那么智能健康管理则是引领健康服务的全新潮流，智能健康管理让健康无处不在。

人工智能与健康管理的结合体现在疾病预测、血糖管理、健康要素检测、生活品质提升四个方面。在疾病预测方面，英国牛津大学开发了一种基于人工智能技术能够提前五年预测心脏病风险的新工具，该种新型疾病预测工具借助于机器学习算法和大数据，在深度分析大量的血管数据之后，开发出一种能够识别心脏供血的血管周边间隙是否出现异常的全新生物标记物。这种新型预测工具具有比现有医学诊断更高的精确率，加之机器学习的特性，加入的扫描数据越丰富，预测就越准确，人们能够及时、准确地对疾病进行预防和监控。在血糖管理方面，建安华夏通过机器学习算法与其他技术建立了糖尿病模型，该模型能够对患者的血糖数据进行预测，并分析其影响因子，为糖尿病患者提供个性化的控糖方案，实现高效高质管理。

三、行业拓展：5G 远程医疗

人工智能、5G 等智能技术的飞快发展，促进了智能手机等智能通信设备的普及，也对重塑医疗行业产生了深刻影响。现阶段，越来越多的医疗服务工作者将智能通信设备应用于医疗工作中，其中，以人工智能技术和 5G 技术为支撑的远程医疗迎来了发展机遇。

人们曾幻想足不出户就可以获知来自世界各地的信息，计算机的出现将幻想变为现实，实现了在家就能感知外界的信息。人们有时不想买菜做饭，于是美团、饿了么、百度外卖等外卖平台为人们提供了菜品多样的外卖服务，解决了人们的吃饭需求，如果想自己在家做饭而又不想出去买菜，则可选择每日优鲜、京东到家等各种一小时即达的菜品采购配送服务，这极大地满足了消费者的需求。由于工作或学业繁忙而没时间逛街买东西时，唯品会、淘宝等各大电商平台为我们提供了极大的便利，只需利用上下班坐车等空余时间在网上轻轻一点，所购物品就会送货到家，无须花大量的时间去实体店购买。那么，在面对看病难的医疗痛点时，我们不禁在想，有没有一种技术能够免去患者排队、挂号等一系列高耗时的环节，使人们在足不出户的情况下就可以完成看病就诊。随着人工智能、5G 等智能技术的日益完善与广泛应用，远程医疗应运而生。

所谓远程医疗（telemedicine），简言之就是一种远程进行的医疗操作。从广义上看，远程医疗是指依托计算机、遥感、遥测、遥控等技术，以人工智能、5G 等智能技术为支撑，借助于各种智能医疗设备和通信设备为医疗条件较差的偏远山区或特殊环境提供远距离的医学信息和服务。从狭义上看，指的是包括远程影像学、远程诊断及会诊、远程护理等医疗活动在内的远程医疗。

虽然远程医疗在我国起步较晚，但公开数据显示，近几年随着人工智能、5G 等智能技术的发展与应用，我国远程医疗的市场规模逐步扩大。近几年我国远程医疗行业市场规模的增长率除在 2017 年略有下降外，基本上持续上涨，在 2018 年更是取得了较大增长，增长率超过 60%，130 亿元的市场规模足足比预测的高出 15.5 亿元。

根据国家卫生健康委的规定，现阶段远程医疗的服务项目包括：远程病理诊断、远程医学影像（含影像、超声、核医学、心电图、肌电图、脑电图等）诊断、远程监护、远程会诊、远程门诊、远程病例讨论、远程手术等。

（1）远程病理诊断。在"智能 +"时代，远程病理诊断是智能医疗不可或缺的重要环节。

我们知道，在偏远地区，各种医疗设施严重匮乏，看病难、看病贵的难题非常突出，病理医生的缺乏一直是困扰当地医疗机构的重要难题。

（2）远程手术。远程手术是远程医疗的重要组成部分，是集虚拟现实技术与网络技术于一体的一种新型医疗技术，打破了传统医疗只能线下操作的空间界限，可以跨越千里进行远程医疗操作，为解决当前医疗资源地区分布不均匀、医护人员短缺等痛点提供了极佳的解决方案。远程手术示教、指导与操纵是远程手术的三个发展阶段。

远程手术示教是指将手术室内医生的手术过程以及各种手术设备的视频资料，采用视音频数字化编码转播示教系统，通过网络通信技术在院内院外进行直播，在保证手术室内是无菌条件的情况下为医院实现了远程可视化教学、实时教学，还扩大了教学范围。

远程手术指导是指基于 5G 网络，一医院医护人员根据视频实时画面对另一医院正在进行的手术进行手术实时指导。以安徽省内首例 5G（SA）远程手术指导的成功实现为例，该手术是由安徽医科大学第二附属医院（安医大二附院）和池州市石台县人民医院的医生基于 5G 网络而进行的腹腔镜胆囊切除手术。石台县人民医院的外科副主任在相距 256 km 的安医大二附院专家借助于移动 5G 网络操作机械臂的远程指导之下，为一位胆囊结石患者进行手术，高清还原的影像设备、流畅清晰的视频交流、5G 技术与人工智能技术在远程手术指导中的完美结合为远程手术指导的圆满开展提供了技术支持。

远程手术操控是指医生借助于远程手术控制设备对远端患者进行异地、实时的手术，手术效果在很大程度上取决于数据传输时延及质量，因此对传输网络提出了重大要求。

2019 年，我国首例基于 5G 的远程人体手术，即帕金森病"脑起搏器"植入手术的成功完成，拉开了我国远程人体手术的序幕，此后，我国实施了多次远程手术，均取得了圆满成功。

我们知道，"脑起搏器"植入手术对医生的专业知识和临床经验具有很高的要求，基层医院一般不具备实施手术的条件，而随着各种智能技术对医疗机构的赋能，远程手术跨越时空界限成为现实。在我国首例 5G 远程人体手术中，医生和患者之间跨越了 3000 km，位于海南的医生通过远程操控 5G 机械臂对位于北京中国人民解放军总医院的患者进行"脑起搏器"植入手术，耗时近 3 小时，最终成功完成了手术，且术后病人状态良好。

2019 年是 5G 发展元年，5G 技术与医疗行业的结合为病患提供了更好的医疗条件。同时，5G 技术与人工智能等智能技术的聚变发展有效地缓解了病患两地奔波的困苦、医疗资源地区分布不均匀与短缺的痛点，使政府持续推动和深化医疗改革得到了强而有效的贯彻落实。

第七章　人工智能技术创新与可持续发展

这是从动态的角度来探讨人工智能的社会影响。AI4D（Artificial Intelligence for Development）已经成为前沿的研究方向。基于此，我们首先简要梳理一下发展和可持续发展的概念。

第一节　理解"可持续发展"

一、"发展"的含义

人们往往将"发展"等同于社会变化。就发展研究而言，"发展"一词特有所指。例如，有研究者指出，"发展"最初有"自然演化"的含义，后来，第二次世界大战以后，"发展"用来专指第三世界国家有计划地学习和借鉴西方现代化的经验，以便提高人民生活和科技水平。因此"发展"由"自然演化"变为"有计划的社会变迁"（简称导向变迁）。进而"发展"不仅指发展中国家的导向变迁，也扩大到包括先进工业国家的导向变迁。但要注意，"发展"一词不应带有任何评价性质，也就是说，不能把导向变迁视为一个象征进步的过程和现象。

在了解发展概念的内涵时，需要注意几点：第一，发展是变化，而且是中性的变化，不仅包括由简单到复杂、由低级到高级的变化，也包含由完善到恶化、由稳定到动荡的变化；第二，发展是过程，强调客观发生的变化过程，也强调根据变化不断地调整这一过程，而不是指向一个明确的目的；第三，发展是互动，西方文化在各国文化交流中虽然有优势，但文明的传播也不是单向的，一个社会有自己的文化结构和历史传统，社会变迁与结构是不断互动的；第四，发展的核心动力来源于发展的主体，而不是外界的干预；第五，发展的关键点是赋权；第六，发展不是泛指任何时间、任何地方的任何变化，而主要是指亚非拉发展中国家的政治、经济和文化等方面如何达到发达的状态；第七，发展并不是落后国家自然而然的变化状态，而是指改变自然而然的变化秩序，这是有组织、有目标的社会性努力，是社会动员起来的紧张状态。

当然，不同的研究者根据研究需要会对"发展"概念有不同的界定。例如，将"发展"限定于发展中地区的发展，而不包括发达地区的发展，即将"发展"限定为特定区域的发展、特定群体或机构的发展等。因此，我们在此将 AI4D 界定为使用人工智能技术促进发展中国家地区实现国际发展目标的行为。

二、可持续发展观

发展观存在着差异。在早期，发展的核心含义是经济增长。后来人们发现单纯强调经济增长是有问题的，因为经济增长并不等同于经济发展，单纯的经济增长并没有发展价值，而且从资源消耗角度而言，经济增长在资源有限的背景之下是无法永远持续下去的。正如托达罗所指出的："发展必须被视为一个多维的进程。这一进程涉及社会结构、公众态度和国家制度等方面的转型，经济增长的积累、不平等的减少和绝对贫困的消除。从本质上讲，发展必须意味着全面的变化，适应个人和全社会各个群体的多种多样的基本需求和愿望，整个社会从普遍不满的生活条件向物质和精神条件更好的方向转变。"

后来相继出现了现代化发展观、依附理论发展观、以人为中心的发展观、后发展、可持续发展等发展理念。后一种往往是对前一种的批判和修正，但并不代表着前者的消失。2015年，联合国提出了可持续发展目标，成为可持续发展观的基础。可持续发展指在不损害后代人满足其自身需要的能力的前提下，满足当代人的需要的发展。可持续发展要求为人类和地球建设一个具有包容性、可持续性和韧性的未来而共同努力。要实现可持续发展，必须协调三大核心要素：经济增长、社会包容和环境保护。这些因素是相互关联的，且对个人和社会的福祉都至关重要。

总体而言，发展观和发展思想演变的基本趋势表现为三个重心的转移：一是从经济增长转移到人的价值观念、基本需求，接着又转向人的全面发展；二是从国内发展转向国际发展，也就是说从在内部寻找一国的发展根源转向从国际关系上探讨一国的发展；三是从经济转向社会，再转向人，最后转向经济、社会、自然和人四者的相互关系上。与此相适应，对社会发展理论的研究也从单一学科（经济学、政治学或社会学）走向跨学科、多学科的综合探讨。

第二节　人工智能技术与环境可持续性发展

我们可以通过一个整体的框架来理解人工智能技术在促进环境可持续性发展方面的作用。由于环境可持续发展问题涉及多个方面，我们在此可以将目光聚焦在人工智能技术和气候变化的关系上。

一、人工智能、减少污染与环境可持续性发展

（1）绿色 AI

其一，AI 本身带来碳排放污染，减少 AI 本身所带来的二氧化碳排放，有助于促进环境的可持续性发展。根据最新的论文成果，训练一个 AI 模型产生的能耗多达 5 辆汽车一

生排放的碳总量。马萨诸塞大学阿默斯特校区的研究人员以常见的几种大型 AI 模型的训练周期为例，发现该过程可排放超过 626000 磅的二氧化碳，几乎是普通汽车寿命周期排放量的 5 倍（其中包括汽车本身的制造过程）。这一结果也是很多 AI 研究人员没有想到的。西班牙拉科鲁尼亚大学的一位计算机科学家表示："虽然我们中的很多人对此（能耗）有一个抽象的、模糊的概念，但这些数字表明，事实比我们想象的要严重。我或者是其他 AI 研究人员可能都没想过这对环境的影响如此之大。"此外，研究人员指出，这些数字仅仅是基础，因为培训单一模型所需要的工作还是比较少的，大部分研究人员在实践中会从头开发新模型或者为现有模型更改数据集，这都需要更多时间培训和调整，换言之，这会产生更高的能耗。根据测算，构建和测试最终具有价值的模型至少需要在 6 个月的时间内训练 4789 个模型，换算成碳排放量，超过 78000 磅。随着 AI 算力的提升，这一问题更加严重。因此，AI 在促进环境可持续性发展的首要层面便是倡导绿色 AI，减少自身的二氧化碳排放量。

其二，绿色 AI 还涉及人工智能废弃品的回收问题。就目前而言，包括 AI 垃圾在内的电子垃圾的绝对数量虽然不如其他垃圾，但毒性和污染能力却名列前茅。电子垃圾数量太多，回收率太低。现在我们买的电子产品越来越多，换得也越来越勤。一年换一次手机、一年换一次计算机都大有人在。世界电子垃圾年产量大约在 5000 万吨，其中只有 20% 左右的电子垃圾被回收。根据许多机构统计的资料，现在即使在美国这样的发达国家，电子垃圾的回收率也仅有 30% 左右。其余的被焚烧、掩埋或运到第三世界国家被当地的非正规小作坊"回收"，这些行为给环境和人的身体健康带来极大的危害。如果经过合理回收，电子垃圾的经济价值还是很高的。电子垃圾里面的金、铜、银、钛、铂各种金属都有极高的回收价值。塑料、橡胶等材料也能被回收再利用。电子垃圾含有的金总量达到了当年世界总金矿挖金量的 10%。2016 年，仅在美国，废旧手机中价值 6000 万美元的金和银都被废弃。无论在哪个地方，都没有贯彻强制性的规范化电子垃圾回收政策，包括美国和欧洲在内。消费者的电子垃圾回收意识也非常薄弱。所以提高回收率不仅能降低环境污染，还能让大家更挣钱。

例如，在回答"如何处理自己的废旧手机"的问题时，WYZ 谈到自己在"闲鱼"等二手交易平台交易废旧手机的体验：

"我的上一个手机就是卖在了二手交易平台上。使用体验的话，我觉得还是比较不错的，各取所需，我不需要的卖给别人，别人再加以利用，我获得相应的金钱回报，这很好，可以在一定程度上减少浪费。"

如上所述，将功能较为落后的智能手机给那些不是很注重手机功能的人群，无论是给长辈还是在二手平台上出售，都属于对手机的再次利用，都好于直接扔掉。废旧手机和电池如果被填埋处理，里面的金、水银、铅等贵金属成分就会直接进入土壤及地下水，而如果仅做简单的焚烧处理，其产生的气体会污染空气，破坏环境。

（2）智能应用

我们在前文分门别类地探讨了人工智能在各个领域和场景中的应用。例如，通过在出行领域的应用（如智能即时交通、智能交通管理等）大大地改善了交通拥堵的情况，减少了尾气排放，直接有利于环境保护。当然，除此之外，智能家居、智能工业、智慧农业等都有利于减少环境污染，减少二氧化碳排放，促进环境可持续发展。

此外，我们还应注意到一点，即在智能社会建设中，智能产品和服务的使用意味着减少了那些高能耗、高污染产品和服务的使用，这同样有利于环境的可持续发展。

二、人工智能与环境监测

人工智能技术能够被用来提升环境监测水平。例如，在人工智能的帮助下，越来越多的科学家表示，改变他们分析大量地震数据的方式可以帮助他们更好地理解地震，预测地震行为，并提供更快更准确的预警。再如，据报道，平江利用无人机进行林业有害生物监测。平江山高林密，单纯依靠人力很难监测到位，该小型无人机最高可飞 120 m，一次可完成 4 km 的飞行任务，无人机的监测运用在一定程度上减少了人力资源的投入，降低了监测成本，同时提高了监测效率，对科学防控林业有害生物起到了积极作用。

第三节　人工智能与社会可持续性发展

关于"社会可持续性发展"应该包括哪些方面，不同的研究者有着不同的观点。一个可能的视角是从可持续性生计资本视角来思考。可持续性生计资本一般包括自然资本、物质资本、社会资本、金融资本和人力资本。鉴于前述 AI 促进环境可持续性发展有利于自然资本，同时，我们在前面第三章谈到了 AI 与社会资本，下面我们着重从 AI 促进金融资本和人力资本方面探讨人工智能与社会可持续性发展问题。

一、人工智能促进金融资本提升

前面我们谈到了人工智能对工作的影响，其中提到人工智能促进就业和创业，通过这种方式促进个体和家庭金融资本的提升。因此，我们在此仅从人工智能减少或缓解贫困问题的角度来探讨人工智能促进社会可持续性发展。

（1）理解"贫困"

贫困是一种伴随着人类社会发生、发展的社会经济现象，是人由于不能合法地获得基本的物质生活条件和参与基本的社会活动的机会，以至于不能维持一种个人生理和社会文化可以接受的生活水准的状态。贫困不仅表现为收入低下，而且表现为缺少发展的机会，缺少应对变化的能力。甚至是指对人类基本能力和权利的剥夺，使之无法获取社会公认的、一般社会成员都能够享受到的饮食、舒适的生活环境和参加某些活动的机会。贫困是指没有权利（包括没有发言权）、脆弱和恐惧而导致的较低的福祉或者生活水平。贫困有绝对贫困和相对贫困。绝对贫困是指无法达到最低生活水平的一种状态。例如，2017年2月28日，国家统计局发布的《2016年国民经济和社会发展统计公报》公布："按照每人每年2300元（2010年不变价）的农村贫困标准计算，2016年农村贫困人口4335万人，比上年减少1240万人。"相对贫困是一种浮动的贫困标准，即相对于整个国家而言，处于社会底层的人们（不管他们的生活方式如何）被认为处于低下水平。例如，那些拥有充足的食物、衣服以及住所的人，如果生活在像美国这样的富裕国家，很可能被认为是贫穷的，因为他们不能购买到被美国文化确认为重要的但并非生存必需的东西。同样，根据美国标准被定义为贫穷的人，根据全球的标准可能被认为是富裕的人，毕竟，饥饿和饥荒仍然是世界许多地方面临的现实问题。

（2）人工智能是否会导致贫困群体增加

对此，美国前总统奥巴马表达了这种担忧。"尽管高技术人群的工作仍能够受益于人工智能系统，他们能够发挥才能，与机器交互，更好地扩展他们的能力，提高产品和服务的质量和销量"，奥巴马说，"但我担心低收入、低技能的个体将会承受更多的失业压力，即使他们的工作不会被替换，但收入会降低"。奥巴马的话语反映了他对人工智能的担忧，尤其是担忧人工智能技术对那些原本生计就比较脆弱的人群带来的生计安全问题。

一些人认为人工智能会导致贫困，而另一些人则认为人工智能能够帮助解决人类的贫困问题。由此，呈现出两种不同的声音。

（3）人工智能帮助消除贫困

其一，目前，更多的人将人工智能视为精准定位贫困人群的工具。

比如，据报道，美国斯坦福大学的研究人员发现人工智能的最新用途，通过读取和分析卫星图片，他们的人工智能可确定哪个地方最需要帮助，从而帮助消除全球贫困。研究人员称，致力于消除全球贫困的政府和慈善机构经常缺少精确可靠的信息，比如贫困人群所处位置、他们最需要哪些帮助等。而他们的技术恰好可提供此类帮助。斯坦福大学地球系统科学部助理教授马绍尔·博克表示，由计算机科学家和卫星专家组成的团队创造出可自我更新的世界地图，它可利用计算机算法识别贫困信号。这个过程需要利用机器学习技术，属于人工智能范畴。博克说，该系统可在计算机上显示图片，计算机的工作就是分辨图片里有什么。这套系统最初是根据乌干达、坦桑尼亚、尼日利亚、马拉维以及卢旺达5个非洲国家的家庭调查数据创作的，同时结合了这些国家的夜间卫星图像。夜间图像是预测贫困的基本工具，因为夜间照明强度通常与某个地区的发达程度有关。计算机被要求使用数据在高分辨率的白天卫星图片中发现贫困迹象，这些图片中包括贫困地区的信息，因为它们在夜间图片中显得更为暗淡。博克说："可以用计算机学习发现许多东西，这些东西往往在我们看来与贫困无关，比如公路、城区、农田以及水路等。"博克表示，他的研究团队计划绘制世界级贫困图，然后将其发布在网上。他说："我们希望这些数据能够被全世界的政府机构直接采用，以便帮助他们提高扶贫计划的效率。"

又如，在精准扶贫上，国内科大讯飞通过人工智能技术可以让扶贫和被扶贫对象进行更好的匹配。人工智能之所以被称为"聪明"，其实就是将学习的经验通过人工智能技术变成一种模型或者模式，然后应用到更多地方。2018年上半年，科大讯飞和安徽省扶贫办启动了基于人工智能大数据精准扶贫的平台项目，通过这个平台可以了解到最需要扶贫的对象，针对这些对象匹配帮扶者，并且利用平台在安徽乃至全国范围内找到最合适的项目，最后推动扶贫工作。通过基于大数据的人工智能技术，将项目和形式与需要帮扶的潜在贫困对象进行匹配，至少在技术上提升扶贫的精准度，从大水漫灌到精准滴灌，在更好地满足扶贫对象需求的基础上实现脱贫扶困的目标。

再如，坐落在六盘山集中连片特困地区的静宁县，是甘肃省23个特困县之一。同时，静宁县也是甘肃苹果栽培第一大县，是中国著名优质苹果基地和苹果出口重要基地。静宁县海拔高、光照充足、昼夜温差大、环境无污染，适合种植苹果。但是种种历史原因，虽然静宁苹果在水果商家群体里无人不知，但在消费者群体中却没有树立起全国性的知名度。2018年11月29日，由今日头条与甘肃省委网信办联合开展的"山货上头条·我为甘肃农产品代言"活动，走进国家级贫困县甘肃省静宁县。当天，头条号创作者和静宁县当地干部一起，利用今日头条的直播技术传播静宁苹果品牌，吸引全国网民参与地方扶贫。今日头条作为国内最大的短视频内容分发平台，同时拥有丰富的大数据和人工智能推荐技术，能够帮信息找到需要它的用户。一端是日益上升的需求方，另一端是急需精准流量宣传的贫困地区，今日头条用"山货上头条"把二者连接了起来，并获得了成功。这个案例体现出了借助于AI技术，尤其是智能推荐技术，将优质产品与需求进行匹配对接，帮助边远地区寻找产品销路。

不过，对于上述几个扶贫案例，我们需要认识到，技术包括AI技术促进边远地区和人群发展的局限性，影响发展的因素有很多，有关技术促进发展的失败项目也有很多，主要的原因是过高估计和期待技术在发展中的作用。

其二，人工智能帮助贫困人口就业，提升其收入水平。

案例:《人工智能培育师：贫困户的新职业》

"人工智能培育师"张金红所在的公司还没开工，但她心里有些着急，想尽快回到公司。

张金红是建档立卡贫困户，一家人过去居住在贵州省铜仁市思南县文家店镇五星村。2019年3月，全家跨区域搬迁到铜仁市万山区易地扶贫搬迁安置点旺家花园社区。

点击鼠标，用一个矩形框选中图片中需要的部分，并做好关键信息标注，从而让复杂环境中的图片细节更加智能地被识别出来，这就是张金红目前所做的"AI标注"工作。

何为"人工智能培育师"？简单地说，就是人工智能"理解"人类世界，也需要像幼儿一般经历完整的学习和认知过程。而机器"消化"海量图片信息，需要"老师"分类、标记，手把手进行培育、训练。"AI标注"作为人工智能产业链上最基础的工作，催生了像张金红一样的"人工智能培育师"。

从思南县农村搬进城后，有两件事让她很高兴：一是家门口就可以上班；二是有更多时间陪伴孩子。"出门打工最大的苦不是工作累，而是放心不下孩子"，张金红说。

高中毕业后张金红就外出务工，到过江苏、福建等地，进过电子厂、服装厂。她说，因为没文化吃了很多苦，现在条件好了，要陪在孩子身边，让孩子好好上学，成长、成才。她接触计算机多了，眼界也逐渐开阔，对孩子的教育也更有效果。

回忆过去的一年，张金红说，既可以照顾家里又有独立的经济来源，苦点累点值得。2019年8月开始上班，到年底工资收入大约两万元。由于是计件式工资，她最近在家里有些闲不住。新的一年，她期待把工作做得更顺手，工资可以更高。

"从农村来的人，很难想到会从事与人工智能有关的工作"，王红梅是张金红的同事，也是易地扶贫搬迁户。在她看来，"人工智能培育师"完全是"新职业、新体验"。

王红梅家是建档立卡贫困户，一家六口人过去居住在贵州省铜仁市思南县长坝镇太平村。2018年9月，全家跨区域搬迁到旺家花园社区。

"社区给我们提供了工作机会，刚开始接触的时候有一些挑战，但坚持下来就没问题。"王红梅是第一批参与培训的学员，经过十天左右的学习，她顺利通过了"AI标注"考评测试，成为一名"人工智能培育师"。

王红梅对这份工作充满好奇，觉得每天都能接触新鲜事物。工作上手以后，月收入有3000元左右。而且，上班离家近，走路几分钟就能到，照顾家人特别方便。

旺家花园社区党支部书记罗焕楠介绍，2019年7月，支付宝公益基金会、阿里人工智能实验室联合中国妇女发展基金会，挖掘人工智能产业释放的就业机会，免费提供"AI标注"技能培训，并将首个试点落户万山区。他说，搬迁进城的老乡又多了一条就业门路，女性在家门口就业，工作家庭都能兼顾。

从上述这个案例我们可以看出，对于贫困人口而言，人工智能行业给他们提供了一个就业机会，通过做数据标注服务获得报酬，解决基本的生计问题。

（4）数字贫困与AI贫困

贫困并不仅仅表现为传统的经济资源贫困、文化资源贫困、社会资源贫困以及能力贫困等。在信息传播技术的背景下，还应包括数字贫困，而在人工智能发展的背景下，又有了新的延伸，即AI贫困。数字贫困与AI贫困表现为：

①主体在各种数字设备或智能设备接入方面的困难。例如，有的地方没有移动网络信号等，导致无法使用智能设备。

②主体因为各种原因（包括文化、经济等原因）无法接近进而使用数字或智能设备。

③主体因为难以负担数字成本或者缺乏使用动机等而没有使用智能设备。

④主体虽然购入或者得到了智能设备，但是没有用智能设备来提升自身的生计资本。此外，虽然能够利用数字或智能设备获取外界生计信息，但是缺乏相应的利用信息提升自身生计资本存量的行动资源。

如上所述，虽然我们用"数字"或"AI"来冠名贫困，指称一种新的贫困形式，但是应避免陷入技术决定论的窠臼，应该意识到贫困发生的原因的多元性，从技术—社会的视角去探讨原因。

二、人工智能促进人力资本提升

人力资本往往指的是体现在劳动者身体上的资本，如知识技能与身体健康状况等。而教育和医疗通常被认为是改善和提升个体知识技能和身体健康状况的途径。因此，我们此处从人工智能促进教育和医疗（AI教育和AI医疗），尤其是边缘群体或地区的教育和医疗两个层面来梳理和探讨人工智能，促进人力资本的提升。

（1）AI教育：人工智能促进教育发展

其一，AI教育的形式。人工智能与教育具有相似性：教育是提高人类自然智能的系统和过程。人工智能是用人工的方法在机器上实现的智能，或者说就是人们使用机器模拟人类和其他生物的自然智能，包括感知能力、记忆和思维能力、行为能力、语言能力等。例如，智能机器人主要研究如何让机器硬件能够像人类或者动物那样行动（如按照一定规则前进、后退、躲避障碍物等），相当于提高机器的行为能力和感知能力。人工智能在学习和教育领域的运用，目前主要有"自适应学习＋教育"、机器人教育以及基于虚拟现实／增强现实的场景式教育等。例如，就机器人教育而言，一些新兴的创新公司正在开发可以成为孩子的老师和朋友的机器人。位于纽约的Cogni Toys在2015年推出了一款叫Dino的机器人，可以直接和孩子对话。这个机器人在听到孩子的问题后，可以自动连接网络寻找答案，通过和孩子进行交流逐渐学习和了解孩子的情绪和个性。就基于虚拟现实／增强现实的场景式教育而言，将虚拟现实和增强现实运用到教育中，想象空间是不可估量的，益处也是显而易见的。课堂不再局限于小小的教室、白板和PPT。例如，位于爱尔兰的Immersive VR Education就是一家专注于开发VR/AR教学内容的公司。他们的旗舰产品之一是阿波罗11号VR，用户只要戴上VR眼镜，就可以"亲身"体验阿波罗11号登月的整个过程。又如，另一家叫Alchemy VR的公司为了将VR场景做得尽可能逼真，选择和三星、谷歌、索尼、BBC、英国国家自然博物馆、澳大利亚悉尼博物馆等多家机构合作制作VR教育内容。这家公司制作的"大堡礁之旅"就是和BBC纪录片团队合作的产物，让全世界各地的学生都有机会潜入澳洲湛蓝的海水学习珊瑚礁的生态环境。

其二，智能教育推动教育扶贫。主要表现在如下几个方面：

首先，人工智能通过提升改造边远地区的教育系统教育设施，使得教育环境变得智能化。例如，学生ZT描绘了高中母校的教育环境变化："教室中的黑板变成了计算机和白板这些高级设备，教室中飘扬着的粉尘减少了，取而代之的是轻巧灵便的遥控笔和激光灯。我更是亲眼见识了人工智能对教学方式带来的便利——高中母校建了新校区，每间教室都安装有触屏的白板，老师们动动手指就能调试出自己想要的功能，可以自由切换PPT，也可以直接用手将公式写在白板上。"

教育环境的智能化升级给教育工作者和学生提供了智能化教学条件。

其次，人工智能使得教育资源变得更加结构化和模式化。通过利用人工智能技术将原先的录播课视频切成片段，每一段对应着文字检索，有利于学生课后根据自身需求进行有针对性的检索。现在人工智能技术已经可以批阅越来越多的中英文作文题，通过将优秀的作文模式化，还可以批阅更多领域的题目。

再次，人工智能使得教育中学习过程的效率变得更为高效。例如，学生可以通过某些教育 App 背英语单词，这些教育 App 可以通过大数据分析给使用者推荐经常在英语考试中出现的单词，提升了背单词的学习效率。

最后，人工智能能让教育效果变得更加精准。例如，据报道，在贵州省清镇市第一中学高二年级的教室里，数学老师柏春丽正在给学生讲解概率的知识。然而，她手里的教具不再是常见的粉笔，而是一个类似于平板电脑的智能化设备，教学展示、学生提问、随堂测验等一系列教学活动都能在荧屏上完成，整个教学活动显得高效而活泼。学生人手一台类似的平板电脑，提问环节，当柏春丽用手中平板电脑发出指令时，学生的平板电脑瞬间就"变成"抢答器，学生们迅速点击屏幕上的"抢答键"，课堂氛围异常活跃。作答完毕，学生手上的平板电脑又立马给出了"评判"结果。与此同时，这样的结果也同步显示在柏春丽手中的平板电脑上，并生成了一份详细的分析报告，学生们知识点掌握的情况一目了然。在人工智能技术下，教学活动变得高效，教学评价更加个性化，教育也将变得更有成效。

总之，在教学应用中，人工智能技术通过对教学环境的智能化改造，实现了教学效率的提升、教育资源的结构化、模式化重组以及教育效果的改进，有利地促进了边远地区人群人力资本的提升，促进了可持续发展。当然，正如前述，对于 AI 教育扶贫和 AI 促进边远人群人力资本的提升，我们要辩证地看待，不能过于乐观、过高估计 AI 技术的影响，要认识到技术的应用必然要与其他生计资本和生计环境协同才能取得更好的效果。

（2）AI 医疗：人工智能促进医疗发展

其一，AI 医疗的具体表现。首先，医疗检测是人工智能在医疗行业中的一个重要应用场景。2017 年 8 月 3 日，腾讯推出了自己的 AI 医学影像产品"腾讯觅影"，利用人工智能医学影像技术辅助医生发现早期食管癌。除食管癌的早期筛查外，未来"腾讯觅影"还会用于早期肺癌、糖尿病性视网膜病变、乳腺癌等其他病种。"腾讯觅影"整合了腾讯内部多个顶尖 AI 团队，从腾讯的 AILab 到腾讯优图实验室，汇集了腾讯最为精锐的人工智能技术团队。其次，医疗虚拟助理是基于医疗领域的知识系统，通过人工智能技术实现人机交互，从而在就医过程中，承担诊前问询、诊中记录等工作，成为医务人员的合作伙伴，使医生可以有更多时间与患者互动。医疗虚拟助理根据参与就医过程的功能不同，主要有智能导诊分诊、智能问诊、用药咨询和语音电子病历等方向。最后，机器人医生。机器人医生从问世到现在，仅 20 多年的时间，机器人手术比普通外科医生更加精准、更稳定，手术过程中导致患者感染率也更低。它们也极大地减轻了医生的工作压力。

因此，AI 医疗主要包括智能诊疗、智能影像识别、医疗机器人、智能药物研发和智能健康管理等。

其二，AI 医疗促进边远人群健康状况，提升边缘地区医疗发展水平。对此，我们可以从边远人群的健康水平和边远地区医疗水平两个方面进行分析。

首先，AI 医疗可以促进边远人群或弱势人群的身体健康状况的改善，提升其人力资本。例如，腿脚不便的老年人及残障人士，穿戴了外骨骼机器人后，可以辅助恢复其腿部的行走能力，甚至帮助瘫痪在床的残障人士重新站立行走。EksoEkso Bionics 的产品 Ekso，该产品的目标是帮助截瘫者和其他活动不便者站立和行走。Ekso 重 20 kg，由液压驱动，最高速度能达到 3.2 km/h，电池可持续 6 个小时。其次，AI 医疗可以通过医疗资源共享，提升边远地区医疗水平。据报道，2017 年以前，深圳市南山区人民医院消化内科主任医师程医生每天要在超过 1000 张的胃镜图片中筛查患者的食管癌可疑病灶，而一套名为"腾讯觅影"的 AI 辅助医疗设备的引入，让他的工作效率大大提高。"这套设备对每一份胃镜报告都会给出一个 AI 诊断，把高度可疑的筛选出来，这样就可以把筛查重点放到高度可疑的案例上来。"在早期食管癌的诊断中，医生的经验起很大的作用。程医生表示，这种新科技有助于减少漏诊。AI 辅助医疗的发展有助于改善国内医疗资源不足和分配失衡的问题，让边远地区的老百姓也享受到一线城市优质的医疗资源服务。

总之，医疗领域是 AI 应用中一个非常有潜力和前景的场景。医疗健康水平显然是人力资本的一个重要指标，AI 技术通过促进边远地区医疗水平提升，以及促进弱势人群的健康水平，直接促进了人力资本的提升。但是，正如 AI4ED（人工智能促进教育发展）中所强调的，对于 AI 通过医疗促进边远地区和群体人力资本发展的效果，需要结合技术落地时的社会条件、文化因素、技术使用对象的动机需求等因素综合判断。

参考文献

[1] 寇艳芳．人工智能背景下的当代治安学教育教学研究：评《人工智能教育应用的理论与方法》[J]．中国科技论文，2022，17（9）：1057.

[2] 张强，牛天林，邵思羽，等．神经网络理论与应用课程线上线下混合教学模式探析[J]．高教学刊，2022，8（14）：66–69.

[3] 张强，邵思羽，牛天林，等．研究生课程教学模式改革实践——以"神经网络理论与应用"课程为例[J]．教育教学论坛，2021（51）：57–60.

[4] 钟彩，潘梅森，蒋毅，等．新时代人工智能教育理论的应用对策研究[J]．电脑知识与技术，2021，17（21）：9–10+20.

[5] 樊小朝．《智能控制理论与应用》研究生教学及其在电气工程中的应用[J]．应用能源技术，2021（5）：1–4.

[6] 李中斌，涂满章，张启明，等．人工智能时代人才赋能系统构建理论与应用探析[J]．中国劳动关系学院学报，2019，33（4）：45–49.

[7] 谢康，王帆．数字经济理论与应用基础研究[J]．中国信息化，2019（5）：7–13.

[8] 杨九龙，阳玉堃，许碧涵．人工智能在图书馆应用的理论逻辑、现实困境与路径展望[J]．图书情报工作，2019，63（4）：32–38.

[9] 朱玥，覃尧，董岚，等．人工智能在移动通信网络中的应用：基于机器学习理论的信道估计与信号检测算法[J]．信息通信技术，2019，13（1）：19–25.

[10] 刘凯，胡静．人工智能教育应用理论框架：学习者与教育资源对称性假设——访智能导学系统专家胡祥恩教授[J]．开放教育研究，2018，24（6）：4–11.

[11] 王禄生．大数据与人工智能司法应用的话语冲突及其理论解读[J]．法学论坛，2018，33（5）：137–144.

[12] 张庭伟．复杂性理论及人工智能在规划中的应用[J]．城市规划学刊，2017（6）：9–15.

[13] 刘金瑞．探究数据挖掘和人工智能理论在短期电力负荷预测中的应用[J]．数字通信世界，2017（11）：179.

[14] 李学龙．人工智能理论及其在人脸识别中的应用[J]．科技视界，2014（3）：53+148.

[15] 王金宝．人工智能理论研究及在机器人路径规划中的应用[D]．哈尔滨：哈尔滨工程大学，2012.

[16] 杜玲娟．挖掘新理论 拓展新应用——哈尔滨工程大学莫宏伟教授之人工智能研究

[J]. 中国高校科技与产业化，2010（Z1）：88–89.

[17] 赵克勤.二元联系数 A+Bi 的理论基础与基本算法及在人工智能中的应用 [J]. 智能系统学报，2008，3（6）：476–486.

[18] 赵克勤.SPA 的同异反系统理论在人工智能研究中的应用 [J]. 智能系统学报，2007（5）：20–35.

[19] 刘全明，陈亚新，魏占民，等.非参数统计理论与人工智能技术在水土空间变异中的应用研究 [J]. 灌溉排水学报，2006（1）：49–53.

[20] 项向宏.基于集对分析理论的物理教学评价方法的理论与应用研究 [D]. 苏州： 苏州大学，2005.

[21] 张钹，人工智能问题分层求解理论及应用 [D]. 北京：清华大学，2005.

[22] 黄逸民.基于多 Agent 的智能管理信息系统理论与应用研究 [D]. 杭州： 浙江大学，2002.